河北省哲学社会科学研究基地——河北省生态环境和发展环境研究基地资助项目

形式语义学的预设问题研究

陈晶晶 著

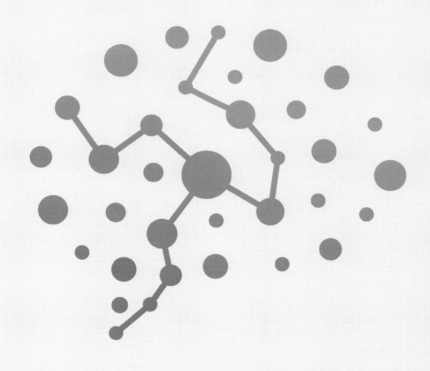

中国社会科学出版社

图书在版编目（CIP）数据

形式语义学的预设问题研究 / 陈晶晶著. -- 北京：
中国社会科学出版社，2024. 6. -- ISBN 978-7-5227
-4030-0

Ⅰ. TP301.2

中国国家版本馆 CIP 数据核字第 2024M9J936 号

出 版 人　赵剑英
责任编辑　田　文
责任校对　张爱华
责任印制　张雪娇

出　　版　中国社会科学出版社
社　　址　北京鼓楼西大街甲 158 号
邮　　编　100720
网　　址　http://www.csspw.cn
发 行 部　010-84083685
门 市 部　010-84029450
经　　销　新华书店及其他书店

印　　刷　北京君升印刷有限公司
装　　订　廊坊市广阳区广增装订厂
版　　次　2024 年 6 月第 1 版
印　　次　2024 年 6 月第 1 次印刷

开　　本　710×1000　1/16
印　　张　14
插　　页　2
字　　数　195 千字
定　　价　88.00 元

前　　言

　　2024 年 3 月，在中国发展高层论坛 2024 年年会"人工智能发展与治理专题研讨会"上，中国科学院吴朝晖在作主题发言时表示，人工智能将成为第四次工业革命的标配，引领我国新型工业化高质量发展。目前，人工智能技术已经在机器学习、模式识别、智能机器人、自然语言处理等领域广泛应用，使我们获得工作、生活、学习上的便利。以往人类社会的技术变革带给我们的主要是物质生产方式的进步，今天以 ChatGPT 为代表的生成式人工智能深刻改变了人工智能技术发展的格局，它不仅能够直接模拟人类的思维进而获得思想的产出，而且能够影响甚至改变人类的思维模式和习惯，这是人类社会发展迄今为止前所未有的。人工智能的这种发展在某种程度上体现了人类技术发展的水平，它不仅能够决定国家的政治经济格局，甚至还会对人类的未来产生决定性的影响。

　　人工智能领域认为，让计算机理解自然语言是人工智能皇冠上的明珠。要想让机器理解自然语言，必须做到让自然语言的语义成为可计算的形式化对象。逻辑学可以为自然语言提供一个基础框架，现代逻辑的一些重要成果可以解释自然语言的句法和语义特征，甚至很多时候可以用现代逻辑的一些规范为自然语言"立法"。基于这个需要，逻辑与自然语言处理的交叉互动获得极大的发展，成果遍地开花。随着自然语言处理这一领域的兴起，语言学、逻辑学和计算机科学更紧密地结合在了一起。

20 世纪 70 年代末 80 年代初，高度发达的计算机信息技术亟待逻辑提供模型和构造，刻画人类的活动，为计算机的程序构造提供理论基础。现代逻辑试图通过形式化的方法找出构成人类思维最基础的机制，而计算机程序设计则要求把对问题的求解归结为程序设计语言的几条基本语句，甚至归结为一些极其简单的机器操作指令，从某种程度上说，现代逻辑的形式化方法与计算机科学的需求不谋而合。在这种时代背景下，逻辑的应用范围从数学和哲学扩大到语言学和计算机人工智能科学的领域。

欧美发达国家尤为关注逻辑、语言及信息计算的交叉研究。20 世纪 90 年代，荷兰的阿姆斯特丹大学创建了"逻辑、语言和计算研究院"（Institute for Logic，Language and Computation）；美国斯坦福大学成立了"语言和信息研究中心"（Center for the Study of Language and Information）；国际学术界 1996 年创立了"逻辑、语言与信息期刊"（*Journal of Logic，Language and Information*）；Kluwer 学术出版社连年出版题为《逻辑、语言和计算》（*Logic，Language and Computation*）论文集；荷兰的 V. Benthem 教授还集中 33 名国际上著名的逻辑学家、语言哲学家及计算机人工智能专家在 1997 年出版并于 2012 年再版了大型工具书《逻辑和语言手册》。Kluwer 出版社更是从 2000 年至今，先后出版了《哲学逻辑手册（第 2 版）》17 卷。该手册由伦敦国王学院计算机科学系的逻辑学荣誉教授 Dov Gabbay 主编，Gabbay 坦言计算机科学和人工智能的迅猛发展以及计算语言学家与日俱增的逻辑需求，直接或间接地促进了当代逻辑的发展。在这样的情势下，新的逻辑应用领域被构建，有许多逻辑学家开始在计算机科学系、语言学系就职。在《哲学逻辑手册（第 2 版）》每一卷的卷首，我们都可以看到一张逻辑各个分支与信息技术的互动交叉图。图中纵列第一列表示逻辑的 18 个分支，横行第一行为信息技术的 8 个主要领域，横竖坐标纵横交织，获得逻辑与信息技术的互动结果——大量的逻辑应用领域。

本书围绕计算机人工智能时代的一项非常重要的任务"自然语言处理"，在众学科交叉背景下考察自然语言中复合表达式预设的投射情况。通常来说，我们熟悉简单句的预设，但当我们遇到复合表达式如"他没有停止打他老婆，因为他根本没有老婆"时，我们如何得出这个复合表达式的预设，进而对它进行分析呢？这就是我们常说的预设的投射问题，它涉及复合表达式的预设与构成它的简单句的预设之间的关系。近二十年，预设的投射问题越来越成为语言学和逻辑学探讨预设的焦点问题，学者们从语义、语用乃至认知角度对其进行了跨学科的研究。

然而，由于此前的研究成果缺乏计算的优势，导致在人工智能飞速发展时期预设研究并没有获得计算语言学足够的青睐。2011 年克里普克（S. Kripke）的最新研究突破了这一瓶颈，他在《预设与回指》这一文章中指出，以往对预设的研究都忽略了一个本应该被考虑在内的"回指照应要素"，如果将这一要素充分考虑进来，那投射问题的构想将会发生相当大的变化。他认为，如果语句中含有副词"也""再次"或状态变化动词"停止"时，那么这些词类就会触发预设信息。它们在体现预设信息时，就像代词在语篇中体现它的先行语信息一样，都表现为向前寻找一个语义项，用这个语义项来表明它们想表达的涵义。克里普克着重探讨了这一回指照应思想在分析预设过程中的启发作用。

在形式语义学中，话语表现理论（Discourse Representation Theory，简称 DRT）是分析代词回指照应问题的最佳理论。因此，本书以预设投射问题为主线，以话语表现理论为技术工具，梳理了以往语言学家和逻辑学家有关预设投射问题的解释方案。最终在克里普克预设回指思想的启发下，引入国际前沿的分层话语表现理论、投射话语表现理论的成果来优化预设投射问题的解决方案。同时，本书还利用这些新系统尝试处理代词回指、省略等自然语言现象。

逻辑学认为，人类自然语言构造机制可以概括为"依据有穷多规则去构造和理解无穷多的语句"。根据这一构造机制和规则，人类可以构造和理解从来没有见到过或听到过的句子。逻辑基于规则的理性主义优势使得人类在分析自然语言和掌握知识时能够拥有如此强大的能力，人工智能时代的机器学习怎样才能达到人类理解自然语言的能力呢？预设是自然语言承载知识的重要环节，本书对预设问题的探讨通过构造形式语义框架将包含预设的自然语言形式化为机器上可操作、可计算的数据语言，对自然语言信息处理具有重要的理论价值，也符合人工智能时代科学研究服务人类美好生活构建的目标。

本书在写作过程中，与国内语言逻辑研究专家邹崇理教授、中国社会科学院贾青研究员、皖西学院石运宝副教授多次交流，讨论话语表现理论的组合性、投射话语表现理论和组合范畴语法结合等问题，对他们提出的宝贵建议反复思考，并不断修改成果内容。他们的鼓励与帮助是我继续研究和写作的动力。

目　录

导　论

　　预设是自然语言中常见的一种语言现象，人们通常会自觉或者不自觉地使用预设这一手段表达已知的信息。预设客观存在于每一个具体的言语交际行为中，它对语言的连贯以及交际双方的相互理解都起着非常重要的作用。国外学者对预设的研究由来已久，预设（Presupposition）最初是哲学界探讨的问题，德国数学家、逻辑学家弗雷格在探讨指称问题时开始关注"预设"这一概念。弗雷格之后，罗素、斯特劳森、塞尔等相继在文章中谈到预设问题。自 20 世纪 50 年代起，语言学界也开始对预设进行研究。哲学家、语言学家将预设作为研究的对象，他们为了对预设的性质和行为作出客观而科学的描述，提出了各种研究视角。从本质上说，对预设行为的探讨乃是对人类语言直觉的探究，它的复杂性显而易见。虽然语言学家和哲学家在预设诸多问题上作出了巨大努力，但仍旧有许多问题仁者见仁、智者见智，观点不一。他们争论的问题主要有：预设的定义是什么，能否给出预设一个非常精确的定义来阐释观察到的预设现象？预设到底是语义现象，还是语用现象？如何看待预设在语篇更新中的取消现象，以及如何处理预设在复合表达式中的投射现象？近年来，种种关于预设问题的探讨，激发了语言学、逻辑学和计算机科学的互动研究。

一 研究背景

在语言学和逻辑学中，"你停止打你老婆了吗?"这个简单句出现的频率很高，有时候我们用它来谈论复杂问语，有时候用它来说明预设，这句话预设"你曾经打你老婆"，或者说话人预设"你曾经打你老婆"。同样，当人们说起"当今法国国王是秃子"时;就预设了"当今法国有一位国王"。单从这两句话来看，预设似乎很简单，容易被人们说清楚。然而，当我们把简单句放入复合表达式中时，预设情况又是如何呢? 看以下实例:

(1) If France has a king, then the king of France is bald. （如果法国有一位国王，那么这位国王是秃子。）

(2) James regrets that he beats his wife, and he intends to reform. （詹姆斯后悔打了他老婆，并且他准备改正。）

复合表达式（1）中，"the king of France is bald"预设了"法国有一位国王"，然而这一预设信息在条件句的前件中已经被陈述了，因此"法国有一位国王"就不是整个复合表达式的预设，也即简单句的预设没有成功地投射到整个复合表达式。而复合表达式（2）中，"James regrets that he beats his wife"预设"詹姆斯曾经打了他老婆"，这一预设信息在经过分析后，能够投射到整句。简单句的预设在何种情况下能够上升成为复合表达式的预设的一部分? 它与复合表达式的预设之间到底是什么样的关系? 这就是我们关注的预设的投射问题 (The Projection Problem of Presupposition)，它本质上涉及复合表达式的预设与构成它的简单句的预设之间的关系。

预设现象是语言学和逻辑学研究中永远绕不开的话题，预设的投射问题作为预设研究中的焦点，自从兰根道 (D. T. Langendoen) 和塞尔文 (H. B. Savin) 提出后，就得到逻辑学家和语言学家的广泛关注。众多学者从语义、语用乃至认知角度对预设投射问题进行了跨学科的研究，提出了解决预设投射问题的各种方案。2011 年，逻辑学家克里普克（S. Kripke）出版了文集《哲学困扰》①，他在文集的第十二章"预设和回指：有关投射问题构想的评论"中指出，预设投射问题的众多解决方案都忽略了一个本应该被考虑在内的"回指照应要素"，如果将这一要素充分考虑进来，那投射问题的构想将会发生相当大的变化。他认为，某些词类如副词、动词等能够触发预设，这些词在体现预设信息时，就像代词在语篇中回指向前寻找它的先行语一样，因而这种回指照应的思想可以应用到预设的研究中。

　　本书受克里普克预设回指思想的启发，寻找更好的逻辑工具来分析预设的投射问题。在形式语义学中，话语表现理论（Discourse Representation Theory，DRT）是分析回指照应问题的最佳理论，它拥有良好的句法和语义，能够动态地刻画自然语言。逻辑学家范德森特（Van der Sandt）和艾米尔·克拉默（Emiel Krahmer）曾经在话语表现理论的语义框架下分析预设的投射问题。范德森特提出了"预设作为回指词"的理论，他认为预设在本质上是一种回指照应语，话语表现理论处理代词回指照应问题的方法可以在处理预设问题上得到借鉴。也就是说，话语表现理论在处理代词回指词时所使用的消解方法也可以应用到预设的研究上，将预设作为回指词，通过语篇分析来对预设进行约束或者接纳操作，进而探讨子句的预设能否成功投射。克拉默在范德森特这一理论的基础上，扩充话语表现理论的句法和语义，将预设信息纳入话语表现结构 DRS 条件集中，构建预设话语表现理论。在预设话语表现理论框架下，可以更清晰地展示子句预设的投射情况，消解操作和接纳操作的操作能力更易被接受。

---

① S. Kripke, *Philosophical Troubles*：*Collected Papers*, Oxford：Oxford University Press, 2011.

随着研究的深入，学者们发现范德森特方案存在一个问题，即在话语表现理论框架中被接纳的预设与原本话语断定部分无法区分。克拉默为了区分断定部分和预设部分，为预设内容引入一个标记，将预设信息在高位被接纳，使预设获得不同于断定内容的解释。克拉默的这种方案在一定程度上顾及了组合性问题，但该方案在高位接纳预设时仍然将预设信息移出了预设的引入点。因而，这种牵涉到移位的操作在回归语言表层结构方面存在问题。

为了解决范德森特方案和克拉默方案存在的问题，逻辑学家格尤茨和梅雅（B. Geurts & E. Maier）、奴提雅（Noortje J. Venhuizen）分别提出分层话语表现理论①和投射话语表现理论②，对标准话语表现理论的句法和语义进行扩充，用来处理预设、回指照应、动词省略等现象。尤其是奴提雅的投射话语表现理论可以翻译为相应的一阶逻辑与标准话语表现理论，在扩充后的理论中可以区分语句的断定部分、预设部分以及规约含义，同时更好地优化预设投射问题的解决方案。

二　研究现状及文献概览

预设理论是当代语言学界和逻辑学界共同关心的研究课题。目前学界对预设问题的研究呈现了语言、逻辑、计算机科学交叉渗透的趋势，在应用上更是为机器翻译、人机交互提供了技术支撑。让计算机理解自然语言是人工智能皇冠上璀璨的明珠。我们寄希望于机器能够模拟人脑的语言机制，理解含有预设内容的话语，因此对自然语言中预设现象的

---

① B. Geurts, E. Maier, "Layered Discourse Representation Theory", in A. Capone, F. Lo Piparo, M. Carapezza (eds.), *Perspectives on Linguistic Pragmatics*, *Perspectives in Pragmatics*, *Philosophy & Psychology*, Vol, 2, Springer, Cham, 2013.

② J. Noortje, H. Brouwer, "PDRT-SANDBOX: An Implementation of Projective Discourse Representation Theory", *The 18th Workshop on the Semantic and Pragmatics of Dialogue*, 2014, pp. 249 – 250.

深入探讨有助于当下计算机自然语言信息处理，将自然语言的语义作为可计算的形式化对象，帮助机器更好地"思考"，从而提升机器的理解能力，真正实现机器更好地服务人类的目标。

对预设的研究最早可以追溯到德国哲学家、数学家弗雷格（Gottlob Frege），他在《论涵义和指称》（"On Sense and Reference"，1892）一文中对预设作出了启发性的分析。弗雷格指出："如果人们陈述某些东西，当然总要有一个预设，即所用的简单的或复合的专名有一个意谓。因此当人们说'开普勒死于贫困之中'时，就已预设'开普勒'这个名字表示某物。"① 在弗雷格之后，众多语言学家和逻辑学家深入探讨了预设的定义、预设触发语、预设的可取消性及预设的投射问题等。总体来说，学界对预设问题的研究呈现三种路径：

第一，逻辑学的计算路径。逻辑学家侧重从指称理论、多值逻辑角度进行预设问题的研究。弗雷格、罗素、斯特劳森从存在预设入手，指出一个句子预设了单独名称所指称的对象存在。克林尼、博奇瓦尔给出三值、四值逻辑系统，用复合命题的真值来刻画复合命题预设的真假情况。

罗素（Bertrand Russell）在他的论文《论指称》（"On Denoting"，1905）中阐述了著名的摹状词理论。通过分析摹状词的特性，他指出当一个摹状词没有指称时（也即预设为假时），含有这个摹状词的语句仍然有真假值。从某种意义上说，罗素的摹状词理论可以视为对弗雷格预设理论的一种挑战。在预设研究中还有一位比较有影响力的是英国哲学家斯特劳森（P. F. Strawson），他在 1952 年的《逻辑理论导论》一书中指出，在自然语言中出现预设失败的情况是常有的，预设为真是谈论语句有真假的前提条件。斯特劳森对罗素有关预设的看法进行了批评，他的预设观激发了众多学者投入预设研究的热潮中。L. T. F. Gamut 的《逻

---

① ［德］弗雷格：《弗雷格哲学论著选辑》，王路译，商务印书馆 2006 年版，第 103 页。

辑、语言和意义》(*Logic*，*Language and Meaning*，1991)一书的上卷中介绍了逻辑学家克林尼(Kleene)和博奇瓦尔(Bochvar)的多值逻辑系统，该书的作者详细地阐述了在多值逻辑背景下对预设投射问题的分析。

第二，语言学的分析路径。语言学家侧重从词性、句型角度研究触发预设的类型、语境等，焦点在预设触发语和预设投射问题上。索姆斯、斯塔尔内克、莱文森等对经典的预设触发语进行研究，最终列举出十三种预设触发语的类型。兰根道、卡图南、斯塔尔内克、盖士达、福克尼尔等分别对预设投射问题给出语义分析，并尝试从语义、认知等维度给出投射问题不同的解决方案。

索姆斯(Scott Soames)在《说话者预设的投射问题》(1979)和《预设如何被继承：有关投射问题的一个解决方案》(1982)两篇文章中提出了预设触发语，给出了十三种不同的预设种类，他的分类得到学界的普遍认同。语言学家兰根道(D. T. Langendoen)和塞尔文(H. B. Savin)在《预设的投射问题》("The Projection Problem for Presuppositions"，1971)一文中首次提出"投射问题"这一概念，指出投射问题是预设研究中永远绕不开的话题。他们将复合表达式的预设与构成它的简单句的预设之间的关系称为投射问题。在文章中，二人还给出了对投射问题的解决方案，也即"累积假设说"。卡图南(Lauri Karttunen)在《复合语句的预设》("Presupposition of Compound Sentence"，1973)一文中，从谓语动词和句子联结词的角度对预设进行分析。他将能够触发预设的谓语动词分为三类，即塞词(Plugs)、渗漏词(Holes)和滤词(Filters)。在这一分类基础上，他提出了预设投射问题的 PHF 解释模式。斯塔尔内克(R. C. Stalnaker)在《语用预设》(*Pragmatic Presuppositions*，1974)一书中将预设分为语用预设和语义预设，认为语义预设容易给人带来困惑，而语用预设则更接近人们通常理解的预设观念。他还归纳出对预设进行语用分析的优势，如预设与语境直接相关，独立于真值条件之外，不受真值条件的限制。盖士达（Gerald Gazdar）在《语用学：蕴涵、预设与逻辑形式》（*Pragmatics：Implicature，Presupposition，and Logical Form*，1979）一书中提出了潜在预设（potential presupposition）和实际预设（actual presupposition）这两个概念，通过考虑语境因素，盖士达从潜在预设中选取适合语境的上升为实际预设，进而投射到整个复合表达式中。盖士达的这一理论被称为关于预设投射问题的潜在预设说。莱文森（Stephen C. Levinson）在《语用学》（*Pragmatic*，1983）这一著作中也对语义预设和语用预设进行了区分，并且详细地介绍了预设理论的发展脉络，还介绍了语用预设的逻辑哲学起源。他的著作中还谈到卡图南的预设触发语理论，以及他对预设投射问题的看法。福克尼尔（Gilles Fauconnier）在专著《心理空间：自然语言意义的构建》（*Mental Space：Aspects of Meaning Construction in Natural Language*，1985）中提出了一种认知语言学理论，他将这个理论称作心理空间理论（Mental Space Theory）。福克尼尔利用"心理空间"这一认知语言学思想来阐释预设的投射问题。1996年，尤尔（Yule）发表与斯塔尔内克同名的著作《语用预设》，在这一著作中，尤尔主张区分预设和蕴涵。他认为，预设是说话者在话语谈论之前所基于的假设，说话者拥有预设；蕴涵只是话语之间的逻辑关系。在区分蕴涵和预设之后，他讨论了两种不同的预设投射问题。

第三，逻辑学、语言学交叉的研究路径。克里普克提出"预设回指"的思想，指出某些词类和结构可以触发预设，它们体现预设信息时像代词回指寻找先行语一样。克里普克将逻辑学的计算优势和语言学的分析优势结合起来，探讨了多种词类和句型触发预设的情况。受"预设回指"思想的指引，范德森特和克拉默在话语表现理论DRT的逻辑语义框架下分析了条件句预设的投射情况。近几年来，语言学家奴提雅提出投射的话语表现理论PDRT，对复合语句预设投射的复杂情况进行深入研究，提升自然语言信息处理的能力。

具体来说，逻辑学家克里普克在《哲学困扰》(*Philosophical Troubles*, 2011) 这本文集①中收录了十三篇有关逻辑哲学方向有争议的文章，其中第十二章 "Presupposition and Anaphora: Remarks on the Formulation of the Projection Problem" 专门探讨预设投射问题。在这篇文章中，他指出预设投射问题的众多解释方案都忽略了一个本应该被考虑在内的"回指照应要素"，如果将这一要素充分考虑进来，那投射问题的构想将会发生相当大的变化。他还谈到，如果语句中含有类似 "too" "again" 等副词，那么这些语句就会触发预设信息。"too" 和 "again" 在体现预设信息的时候，就像代词 it 在语篇中体现它的先行语信息一样，都表现为向前寻找一个语义项，用这个语义项来表明 too、again 和 it 想表达的涵义。克里普克着重探讨了这一回指照应思想在分析预设过程中的启发作用。他不仅探讨了副词和动词触发预设的情况，还分析了强调结构及形容词触发预设的机制。

逻辑学家范德森特在文章《预设投射作为回指词消解》("Presupposition Projection as Anaphora Resolution", 1992) 中指出，预设在本质上是一种回指照应语。他认为，我们可以利用话语表现理论处理代词回指照应问题的方法来处理预设。艾米尔·克拉默在《预设和回指词》(*Presupposition and Anaphora*, 1998) 一书中讨论了回指照应和预设、语篇语义等之间的关系，他还为范德森特处理预设的方法配备了句法和语义；此外，他还介绍了预设和偏好、蒙太格语法以及文本更新语义学等的互动研究。

奴提雅 (Noortje)、博斯 (Bos) 和哈姆 (Harm) 的《带投射指针的简约语义表征》("Parsimonious Semantic Representations with Projection Pointers", 2013) 中使用加标方法构建组合的话语表现理论，用于处理

---

① S. Kripke, "Presupposition and Anaphora: Remarks on the Formulation of the Projection Problem", in S. Kripke, *Philosophical Troubles: Collected Papers*, Oxford: Oxford University Press, 2011, pp. 351 – 372.

预设、回指照应、动词省略等问题。奴提雅和哈姆的《PDRT—标准
DRSs：投射话语表现理论的实施》（"PDRT-SANDBOX：An Implementa-
tion of Projective Discourse Representation Theory"，2014）探索了投射话
语表现理论的具体实施情况。

　　近些年，国内学者也在预设问题的研究上做了不少工作，具体
如下：

　　语言学视角下，季安锋、马国玉等探讨了预设的性质以及预设触发
语的类型，分析了预设投射问题的诸多解决方案，提出预设的探讨需结
合语用才能得到合理的解释。季安锋的《预设的研究》（2008）探讨了
预设的性质以及预设触发语的类型，介绍了卡图南和盖士达对预设投射
问题的分析。马国玉的《预设投射问题的认知解释》（2005）梳理了预
设投射问题的几个解释模式，指出到目前为止没有一种理论被认为最全
面地阐释了投射问题。刘宇红的《预设投射的 Karttunen 模式与 Faucon-
nier 模式》（2003）从认知语言学和语言哲学角度对预设的投射问题进
行了深入思考，对比了卡图南和福克尼尔解释模式的优势和不足，认为
福克尼尔的心理空间概念比较理想地阐释了预设的投射问题。方丽青、
姜渭清的《预设的语义投射》（2000）指出，要想对预设的语义投射作
出合理的解释，就要同时考虑情景信息和句法信息。杨先顺的《论盖士
达的潜预设理论——语用推理系列研究之二》（1997）指出预设和语境
之间有着复杂的关系，他从潜预设理论这一角度给出了预设投射问题以
形式化的分析。王相锋、刘龙根在《预设投射理论初探》（1995）一文
中指出预设的投射行为十分复杂，它不仅涉及词汇意义和句法特征，还
与言语交际行为相关。因而预设的投射不能在狭义的语义学框架内得到
解决，必须结合语用才能得到合理的阐释。

　　逻辑学视角下，夏年喜、石运宝等阐释了弗雷格、罗素和斯特劳森
的预设观，对预设的语义解释进行了充分的辩护；同时对博奇瓦尔和克
林尼多值逻辑系统有关预设投射问题的分析进行了客观的评价。夏年喜

在《三值逻辑背景下的预设投射问题研究》（2012）中以三值逻辑为视角，详细地介绍了三值逻辑对预设投射的解决。同年，她发表《语义预设的合理性辩护》（2012），对预设的语义解释进行了充分的辩护，这篇文章还阐述了弗雷格、罗素和斯特劳森的预设观。石运宝的《从类型逻辑语法角度审视 DRT 的组合性问题》（2017）关注话语表现理论的组合性问题，将范畴语法与话语表现理论相结合，以期解决 DRT 的句法和语义对应问题。石运宝的《类型逻辑语法处理中文文本》（2016）探讨了代词的回指照应现象，讨论了计算机人工智能时代的重要任务——自然语言的信息处理的重要性。

语言学、逻辑学交叉视角下，邹崇理、武瑞丰、陈鹏等在组合范畴语法 CCG + PDRT 的形式语义学框架中分析了预设投射的问题，回应了计算机人工智能时代自然语言信息处理的重要性，为实现更好的人机交互打下逻辑学的基础。邹崇理、武瑞丰在《人工智能驱动的"PDRT + CCG"视域下的预设研究》（2020）中，通过 λ—约束的 PDRS 对每个自然语言中的词条指派具体的语义表征，再依据组合原则不断推演出包含预设语句的语义；这种交叉的研究不仅满足了计算的需要，也为人工智能对自然语言的处理提供了技术支撑。邹崇理、陈鹏在《逻辑、语言和计算的交叉创新》（2018）中指出逻辑与语言学的交叉研究产生了范畴语法的重大创新，而计算机科学与逻辑技术的融合又促进了语言学研究的深入发展；组合范畴语法 CCG、话语表现理论 DRT、广义量词理论 GQT、蒙太格语法 MG 将为人工智能开发中文句法语义分析软件助力。洪峥怡、黄华新在《隐喻语句的预设及其动态语义》（2024）中遵循动态语义学的传统，尝试采用一种贯通表层语句结构和深层认知结构的方式，在同一框架下刻画两类预设投射的不同情形，从而揭示动态语境中的隐喻语义。以上研究都是为了搭建日常语言与机器自然语言处理之间的桥梁，从而提高语篇理解、机器翻译以及智能搜索的效果。

综合国内外研究动态可以看出，语言学与逻辑学对预设问题的研究侧重点不同，在当今人工智能发展的背景下，迫切需要对预设进行学科交叉研究以促进机器对自然语言的理解。因此，本书以自然语言中的预设问题为中心，以克里普克预设回指思想为指导，利用国际最新的逻辑技术在形式语义学框架下分析预设的具体问题，以期为人工智能时代和谐的人机互动提供必要的逻辑技术支持。

三　研究目标

本书拟突破传统语言学研究的框架，在现代逻辑框架下达成如下研究目标：

第一，拓宽新的研究领域。本书面向自然语言信息处理，以预设为纽带，寻找更宽视域的研究成果，以期实现现代逻辑和形式语言学的结合。以往有关预设问题的研究，大多局限于零星介绍预设触发语和预设投射问题的某个解决方案。本书不仅详细地讨论了语言学视角中对投射问题的分析，还在现代逻辑视角下进行了深入的研究。同时，在夏年喜三值逻辑方案基础上更加详细地分析了四值逻辑的处理方案。经过对以往解决方案的综合分析，最终在投射话语表现理论框架下，给出解决预设投射问题的优化方案。

第二，实现逻辑学、语言学和计算机科学的交叉研究。预设是当今语言学和逻辑学研究的热点问题，是语言交际取得成功的桥梁和纽带。对预设投射问题的研究基于一个主旨思想——即如何用形式工具更好地刻画自然语言语义。当今社会，"人工智能""大数据"等的发展都离不开机器学习和信息处理。而预设投射问题的研究有助于机器更好地理解自然语言语义，推进人工智能的研究进程。

第三，系统地引入国际前沿最新的研究成果。目前国际最新的分层话语表现理论、投射话语表现理论，都是对标准话语表现理论的扩充，经过扩充后的新系统拥有良好的句法和语义，不仅能够克服标准话语表现理论违反组合性的质疑，还能够处理代词回指、预设、动词省略等更多的语言现象。在新系统中，尝试分析合取句、析取句的预设投射问题也变得更有希望。

本书的研究主要分两大部分。第一部分追溯预设研究历史，界定预设投射问题概念，梳理语言学和逻辑学中已有的预设投射问题解决方案，引出克里普克有关预设的重要探讨。第二部分受克里普克预设回指思想的指引，在扩充的话语表现理论语义框架下探讨预设投射问题的优化解决方案，并尝试分析代词回指、动词省略等更多语言现象。

具体来说，本书的整体研究框架如下：

第一章对预设研究的历史进行回顾，追溯了预设理论的哲学渊源，分析了语言学研究预设的视角。首先，德国数学家、哲学家弗雷格在探讨指称问题时关注了"预设"这一概念，此后罗素、斯特劳森、塞尔等相继对预设问题进行了研究。语言学中对预设的探讨多集中在预设的定义、预设的触发语、预设的投射问题等方面，本章对预设研究的相关问题进行详细追溯，逐渐引出本书要讨论的关键问题。

第二章详细界定了"预设投射问题"是什么，并以此为出发点，介绍了语言学的简约解决方案和逻辑学的多值逻辑解决方案。语言学多侧重从语言形式与客观世界、心理认知之间的关系角度分析子句的预设能否投射，因此梳理了卡图南的塞词—漏词—滤词模式、盖世达的潜在预设说和福克尼尔的心理空间说等代表性方案。逻辑学中，重点阐述了卢卡西维茨的三值逻辑系统、博奇瓦尔和克林尼的四值逻辑系统对预设投射问题的分析。

第三章着重讨论了逻辑学家克里普克的预设思想。他认为，以往解决方案都忽略了一个非常重要的要素——回指照应，因而造成那些方案都不理想。在他看来，某些词类和语言结构可以触发预设，它们体现预设信息时就像代词回指寻找先行语一样，因而这样的回指照应思想可以应用到预设的研究中。他的探讨为预设投射问题的分析提供了新思路，也构成了后续研究的思想源泉。

第四章受克里普克思想的启发，在形式语义学的框架下，探讨两种利用话语表现理论解决预设投射问题的方案。范德森特方案指出，预设的投射问题与代词的回指消去问题有类似的机制，都向前搜寻一个"前件"且要通过约束前件来实现投射和回指词消解。同时，预设可以合理地出现在找不到"前件"的语境中，通过"接纳"策略将子句预设上升为复合表达式的预设。克拉默方案在话语表现理论原有的句法和语义基础上增加一个预设信息，将这个预设信息呈现在话语表现结构的条件集中，扩充后的新系统记作预设话语表现理论。在新系统中，以条件句为例，发现在约束操作下子句的预设不能成功投射到整个复合表达式，而在接纳操作成功时，子句的预设能够成功投射，成为整个复合表达式的预设。

第五章重点介绍分层话语表现理论，并审视此语义框架下预设投射问题的解释方案。由于学界质疑话语表现理论违反组合性，因而在标准话语表现理论框架下的范德森特方案和克拉默方案也面临组合性的问题。具体来说，范德森特方案中被接纳的预设与语句中原断定部分无法区分。克拉默方案中将预设信息在接纳过程中移出该预设的引入点，这种牵涉到移位的操作在回归语言表层结构方面存在问题。为了解决上述问题，格尤茨和梅雅提出分层话语表现理论，在区分不同层面内容道路中迈出了重要的一步。

第六章利用国际前沿的投射话语表现理论 PDRT + 组合范畴语法 CCG 分析预设投射问题。鉴于分层话语表现理论利用分层的方法牺牲了回指与预设之间的相似性，未能达到期望的目的，那我们就采用数学和逻辑相结合的新技术 PDRT + CCG 来分析自然语言的语义。PDRT 可以使得预设的信息从 PDRS 框架中清楚识别出来，在语义表达上也更符合自然语言到语义表征的过程，而组合范畴语法 CCG 可以对自然语言中大规模的个案个例的预设情况进行句法语义分析，二者的结合不仅让我们认识到自然语言语义背后的知识与语句的预设相关，同时让我们感受到基于大文本数据研究的重要性。人工智能正在重塑人们的生产生活，未来人工智能的发展一定会给社会带来根本性的变革，基于机器"理解"自然语言的需要，对自然语言进行形式化处理势在必行。

在开始本书的具体探讨之前，首先给出预备性知识，简单介绍话语表现理论的句法和语义，方便后续讨论展开。

预备知识

作为形式语义学的代表，蒙太格语法（Montague Grammar，简称 MG）开创了自然语言形式语义学研究的方向。它在范畴语法（Categorial Grammar）的基础上，利用模型论方法为自然语言构造语义解释，开启了系统运用逻辑工具研究自然语言的道路。从蒙太格语法开始，使用现代逻辑工具处理自然语言问题已经成为语言学界的时尚，比较著名的形式语言学流派有广义短语结构语法、词汇功能语法等。这些语言学流派对自然语言语句的分析都继承了蒙太格语法的特点，都以单个句子为单位，对语句的分析呈现静态的特征。比如，它们会将自然语言中的语句系列 φ_1，…，φ_n 单个翻译成逻辑公式，一经翻译完成就不再改变。虽然它们在分析语句的过程充分遵守了语形与语义对应的原则，然而由于将自然语言的语句直接翻译到逻辑公式，这种一步到位的操作完成后就不再添加新的内容，这种分析的方法不能呈现语句之间的动态交流，尤其是无法解释著名的"驴子句"这一语义疑难。同时，由于自然语言的灵活性和复杂性特点，给传统的形式语义学研究带来了许多难题，在这些疑难面前，蒙太格语法都束手无策。正是在这样的背景下，话语表现理论（Discourse Representation Theory，简称 DRT）① 应运而生。

---

① 学界有几种关于"Discourse Representation Theory"代表性的译法，如"话语表现理论"（邹崇理，2000）、"话语表征理论"（沈家煊，2002）、"篇章表述理论"（蒋严、潘海华，1998）、"语篇表示理论"（毛翊、周北海，2007）等，本书采用的是话语表现理论。

  1981 年，汉斯·坎普（Hans Kamp）发表了论文《一种关于真值和语义表现的理论》（A Theory of Truth and Semantic Representation），在文章中他首次提出了话语表现理论。[①] 话语表现理论是一种动态描述自然语言意义的形式语义学理论，它继承了蒙太格语法分析自然语言的模型论方法，并将这种对自然语言语句的分析方法扩大到句子系列，从而良好地表达了名词和代词之间的回指照应关系，成功地解决了"驴子句"难题。同时，话语表现理论还在自然语言句法结构和语义模型之间增添了一个语义表现的中间层面——话语表现结构（Discourse Representation Structure，简称 DRS），通过这个中间层展现人们在语言使用过程中的心理认知特征。具体来说，话语表现结构 DRS 是一个语义表现框架图，它将人们说出的话语以图表的形式呈现在面前。人们对自然语言中的语句系列 φ_1，…，φ_n 的理解，在话语表现理论看来是这样一个过程：先分析 φ_1，得到 φ_1 的 DRS，再在 φ_1 的 DRS 的基础上分析 φ_2，即对 φ_1 的 DRS 进行增添和扩展，从而得到 φ_2 的 DRS，以此类推，不断得到 φ_n 的 DRS，也即整个语句系列的 DRS。话语表现理论对语句系列的这种动态处理方法，反映了人们在语言交流过程中信息不断递增和更新的过程，更加接近于人们对自然语言的理解和分析。自从汉斯·坎普提出这一理论，有关语篇的语义研究不断涌现，"DRT 不仅受到逻辑学家与语言学家的瞩目，甚至也逐渐为人工智能学家和心理学家所关注"[②]。

  话语表现理论主要由三个部分构成：句法结构、话语表现结构 DRS 的构造规则、话语表现结构 DRS 在模型中的解释。[③]

---

  ① H. Kamp, "A Theory of Truth and Semantic Representation", in Paul Portner and Barbara H. Partee（eds.）, *Formal Methods in the Study of Language*, 2002, pp. 189 – 222.

  ② 邹崇理：《自然语言逻辑研究》，北京大学出版社2000年版，第95页。

  ③ H. Kamp, "A Theory of Truth and Semantic Representation", in Paul Portner and Barbara H. Partee（eds.）, *Formal Methods in the Study of Language*, 2002, p. 191.

一　话语表现理论的句法规则

话语表现理论关注自然语言的具体形式向语言内在意义的转化，语言形式也即我们通常所说的句法形式。如何生成自然语言中一句话或多个话语的句法形式是话语表现理论首要关心的。类似于蒙太格的 PTQ 英语部分语句系统，话语表现理论的句法部分由生成英语表达式分析树的若干句法规则构成，由这些规则可以合语法地生成若干英语句子。句法部分是为语义解释服务的，像其他形式语义学一样，话语表现理论的语义解释实行"意义组合原则"，满足句法形式和语义同态等。为了满足语义解释的需要，话语表现理论借鉴了语言学家盖士达在《广义短语结构语法》中阐述的"广义短语结构语法"（Generalized Phrase Structure Grammar，简称 GPSG）这一句法理论[1]；因而话语表现理论的句法理论就由两部分组成——短语结构规则（Phrase Structure Grammar）和词项插入规则（Lexical Insertion Rules）。具体来说，话语表现理论句法生成过程是这样的：从句子范畴 S 开始，生成 NP 与 VP，再根据短语结构规则，一步步不断构造出自然语言语句的树形结构图，然后根据词项插入规则，最后生成英语语句。值得注意的是，话语表现理论和广义短语结构语法一样，都在句法理论中废除了转换规则，将名词、代词的格、性、数及其在语篇中的照应，以及动词与主语在数方面的一致性等语法现象都放到短语结构规则和词项插入规则中，通过句法范畴的标记注释方式表现出来。[2]

话语表现理论最基本的短语结构规则有五条：

（1）S⇒NP　VP

---

① H. Kamp, U. Reyle, *From Discourse to Logic*, Dordrecht: Kluwer Academic Publisher, 1993, p. 24.

② 邹崇理：《自然语言逻辑研究》，北京大学出版社 2000 年版，第 98 页。

（2） VP⇒V　NP

（3） NP⇒PRO

（4） NP⇒PN①

（5） NP⇒DET　N

有了最基本的短语结构规则，如果要生成自然语言中具体的英语句子，还需要词项插入规则：

（6） PN⇒Smith，Jones，Mary，Mike，Jane Eyre，…

（7） V⇒abhors，likes，beats，loves，rotates，…

（8） DET⇒all，every，a，an，the，some，most，…

（9） PRO⇒she，he，it，they，her，him，them，…

（10） N ⇒ woman，man，donkey，duck，pen，bicycle，book，horse，…

如果要生成英语语句"Mary likes Jane Eyre"（玛丽喜欢《简·爱》），就要从"S"开始依次运用以上规则（1）、（4）、（2）、（4）、（6）、（7）、（6）；具体生成过程如下：

首先由短语结构规则得到下图：

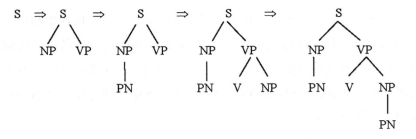

再由词项插入规则得到"Mary likes Jane Eyre"这一语句的句法结构：

_____

① PN 表示专有名词的句法范畴，也即专名。

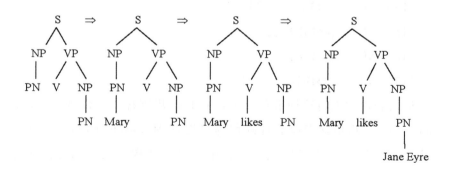

众所周知，英语表达中主谓一致问题是首要关心的，即主语是单数时只能和单数动词相结合，主语是复数时动词也只能是复数形式，这种要求也称为主谓语在数（Number）上的一致性。话语表现理论的句法结构充分考虑了范畴的诸多性质，相应的也对句法规则做了诸多规定。首先就"数"这一特征，话语表现理论为其赋予两个值：单数（sing）和复数（plur），这一特征适用于 S、NP、N、PN、DET、VP、V 和 PRO 等；这也就意味着当这些范畴出现在规则（1）—（5）的左面时，这些规则就可以被解释为一对规则，其中一个是 sing 的情况，另一个是 plur 的情况。比如，规则（1）能够解释为（11）和（12）：

（11）$S_{sing} \Rightarrow NP_{sing} \quad VP_{sing}$

（12）$S_{plur} \Rightarrow NP_{plur} \quad VP_{plur}$

如果将所有的规则都以这种形式表示出来的话，那么得到的体系会很庞大，之所以这么说，是因为除了考虑单复数的特征，我们还要考虑其他一些特征，比如格（Case）的问题。为了避免规则过多产生繁琐，话语表现理论将（11）和（12）合写为：

（13）$S_{Num=\alpha} \Rightarrow NP_{Num=\alpha} \quad VP_{Num=\alpha}$

按照这一记法，短语结构规则中的（2）—（5）可以写为以下形式：

（14） $VP_{Num=\alpha} \Rightarrow V_{Num=\alpha} \quad NP_{Num=\alpha}$

（15） $NP_{Num=\alpha} \Rightarrow PRO_{Num=\alpha}$

（16） $NP_{Num=\alpha} \Rightarrow PN_{Num=\alpha}$

（17） $NP_{Num=\alpha} \Rightarrow DET_{Num=\alpha} \quad N_{Num=\alpha}$

话语表现理论将这种带有变项 α 和 β 的规则称为隐性规则（covering rules），将不含变项的规则称为显性规则（explicit rules）。在话语表现理论句法结构树生成的过程中，短语结构规则有两种使用方式：一种是最开始生成时就确定变项 α 和 β 的值，把隐性规则转变为显性规则。以 "Mary likes Jane Eyre" 为例，它的生成过程如下：

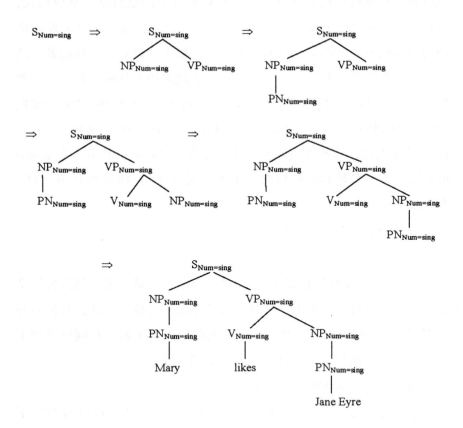

另一种是在句法结构树生成之初，保留 α 和 β 的值，在进行词项

插入的时候停止保留。依照这种方法，"Mary likes Jane Eyre" 的生成过程为：

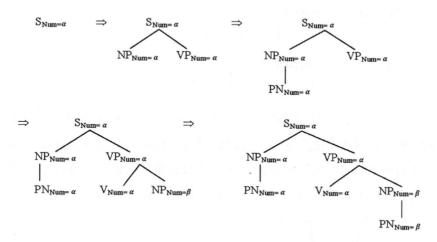

话语表现理论在短语结构规则中还引入了格（Case）和性（Gender）的特征，就"格"来说，一般代词有主格和宾格的区分，主格用"+nom"表示，宾格用"-nom"表示，适用于名词短语 NP 和代词 PRO 的句法范畴。"性"用 Gen 表示，是 Gender 的缩写。就"性"这一特征来说，它可以取三种值：男性（male）、女性（female）以及非人类（-hum），NP、N、PN、PRO 等范畴都受"性"的影响。如果在短语结构规则中不仅考虑 Num 的特征，还将 Case 特征和 Gen 特征都考虑在内的话，以上的（13）—（17）就变为如下形式：

（18）$S_{Num=\alpha} \Rightarrow NP\begin{bmatrix} Num=\alpha \\ Gen=\beta \\ Case=+nom \end{bmatrix} VP_{Num=\alpha}$

（19）$VP_{Num=\alpha} \Rightarrow V_{Num=\alpha} NP^{①}\begin{bmatrix} Num=\alpha' \\ Gen=\beta' \\ Case=-nom \end{bmatrix}$

---

① 作为宾语的名词短语，它的性特征和数特征不一定与主语 NP 相同。α' 不一定等于 α，类似地，β 也不一定等于 β'，-nom 表非主语特征。

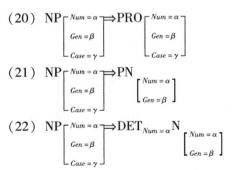

（20）NP $\begin{bmatrix} Num = \alpha \\ Gen = \beta \\ Case = \gamma \end{bmatrix} \Rightarrow$ PRO $\begin{bmatrix} Num = \alpha \\ Gen = \beta \\ Case = \gamma \end{bmatrix}$

（21）NP $\begin{bmatrix} Num = \alpha \\ Gen = \beta \\ Case = \gamma \end{bmatrix} \Rightarrow$ PN $\begin{bmatrix} Num = \alpha \\ Gen = \beta \end{bmatrix}$

（22）NP $\begin{bmatrix} Num = \alpha \\ Gen = \beta \\ Case = \gamma \end{bmatrix} \Rightarrow$ DET$_{Num = \alpha}$ N $\begin{bmatrix} Num = \alpha \\ Gen = \beta \end{bmatrix}$

引入"数""性""格"等特征后，不仅短语结构规则发生了变化，词项插入规则也会随之变动。我们以通名和代词的情况为例详细说明，首先对通名而言，在数的方面，它有单数和复数的区分；在性的方面，它有男性、女性和非人类的区分，这样就会产生六种情况①：

（23）N $\begin{bmatrix} Num = sing \\ Gen = male \end{bmatrix} \Rightarrow$ boy，man，…

（24）N $\begin{bmatrix} Num = plur \\ Gen = male \end{bmatrix} \Rightarrow$ boys，men，…

（25）N $\begin{bmatrix} Num = sing \\ Gen = fem \end{bmatrix} \Rightarrow$ woman，nurse，girl，…

（26）N $\begin{bmatrix} Num = plur \\ Gen = fem \end{bmatrix} \Rightarrow$ women，nurses，girls，…

（27）N $\begin{bmatrix} Num = sing \\ Gen = -hum \end{bmatrix} \Rightarrow$ donkey，desk，bird，…

（28）N $\begin{bmatrix} Num = plur \\ Gen = -hum \end{bmatrix} \Rightarrow$ donkeys，desks，birds，…

通名的数特征和性特征之所以引起广泛关注，是由于话语表现理论自身的特点引发的。话语表现理论最初就是为了处理回指照应问题而产生的，因而它关注句子之间名词与代词的照应关系。名词拥有什么样的数性格的特征就用与它匹配的代词去指代，这是话语表现理论

---

① H. Kamp, U. Reyle, *From Discourse to Logic*, Dordrecht：Kluwer Academic Publisher, 1993, p. 38.

句法部分处理的关键。① 对于代词而言，不仅数特征和性特征会影响它，格特征也是非常重要的影响因素。数特征和性特征会产生 6 种组合情况，再将格特征考虑进去，总共会产生 12 种情况，如下：

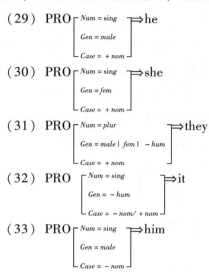

（29）PRO $\begin{bmatrix} Num = sing \\ Gen = male \\ Case = +nom \end{bmatrix}$ ⟹he

（30）PRO $\begin{bmatrix} Num = sing \\ Gen = fem \\ Case = +nom \end{bmatrix}$ ⟹she

（31）PRO $\begin{bmatrix} Num = plur \\ Gen = male \mid fem \mid -hum \\ Case = +nom \end{bmatrix}$ ⟹they

（32）PRO $\begin{bmatrix} Num = sing \\ Gen = -hum \\ Case = -nom/+nom \end{bmatrix}$ ⟹it

（33）PRO $\begin{bmatrix} Num = sing \\ Gen = male \\ Case = -nom \end{bmatrix}$ ⟹him

以上介绍了名词和代词的数性格特征，实际应用过程中会发现代词和名词的数特征还会影响动词的形态，也即主语和谓语的形态要一致。另外，单数名词和复数名词所使用的限定词也是不同的，如：

（36）$V_{Num=sing}$ ⟹abhors，likes，beats，loves，rotates，…

（37）$V_{Num=plur}$ ⟹abhor，like，beat，love，rotate，…

（38）$DET_{Num=sing}$ ⟹a，the，every，…

（39）$DET_{Num=plur}$ ⟹some，most，all，…

到目前为止介绍的句法范畴都是刻画肯定句的简单范畴，然而日常语言中除了肯定句外，还有大量的否定句，可以说没有否定句我们的日常交往就无法顺利进行。为了刻画动词的否定，话语表现理论在句法范畴中添加了 AUX 和 VP′，AUX 是助动词范畴②；VP′的作用是

---

① 邹崇理：《自然语言逻辑研究》，北京大学出版社 2000 年版，第 102 页。

② AUX 是 auxiliary verb 的缩写，为助动词范畴。

保证在语句生成过程中不产生"AUX not AUX not VP"这样的形式，也即不生成"does not do not love"这样不合语法的语句形式。动词除了有肯定和否定的形式外，还有及物和不及物的区分。话语表现理论在句法规则中引入"Trans"这一特征，区分及物动词和不及物动词。"Trans = +"表示动词为及物动词，"Tans = -"表示动词为不及物动词。由于助动词的加入，因而有必要区分动词的限定形式和非限定形式，话语表现理论引入"Fin"这一特征，同时给予其"+"或"-"两个值，"Fin"特征适用的句法范畴有 V、VP 和 VP'。结合动词的以上特征，可以将与 V、VP 和 VP'相关的规则整理如下：

（40）$S_{Num=\alpha} \Rightarrow NP\begin{bmatrix} Num=\alpha \\ Gen=\beta \\ Case=+nom \end{bmatrix}$ $VP'\begin{bmatrix} Num=\alpha \\ Fin=+ \end{bmatrix}$

（41）$VP'\begin{bmatrix} Num=\alpha \\ Fin=+ \\ Gap=\gamma \end{bmatrix} \Rightarrow AUX\begin{bmatrix} Num=\alpha \\ Fin=+ \end{bmatrix}$ not $VP\begin{bmatrix} Num=\alpha' \\ Fin=- \\ Gap=\gamma \end{bmatrix}$

（42）$VP'\begin{bmatrix} Num=\alpha \\ Fin=+ \\ Gap=\gamma \end{bmatrix} \Rightarrow V\begin{bmatrix} Num=\alpha \\ Fin=+ \\ Gap=\gamma \end{bmatrix}$

（43）$VP'\begin{bmatrix} Num=\alpha \\ Fin=\beta \\ Gap=\gamma \end{bmatrix} \Rightarrow V\begin{bmatrix} Num=\alpha \\ Fin=\beta \\ Trans=\gamma \end{bmatrix}$ $NP\begin{bmatrix} Num=\alpha' \\ Gen=\delta \\ Case=-nom \\ Gap=\gamma \end{bmatrix}$

（44）$VP\begin{bmatrix} Num=\alpha \\ Fin=\beta \end{bmatrix} \Rightarrow \begin{bmatrix} Num=\alpha \\ Fin=\beta \\ Trans=- \end{bmatrix}$

（45）$AUX\begin{bmatrix} Num=sing \\ Fin=+ \end{bmatrix} \Rightarrow does$

（46）$AUX\begin{bmatrix} Num=plur \\ Fin=+ \end{bmatrix} \Rightarrow do$

（47）$AUX\begin{bmatrix} Num=plur \\ Trans=+ \\ Fin=- \end{bmatrix} \Rightarrow like, beat, love, buy, \cdots$

（48）$V\begin{bmatrix} Num=plur \\ Trans=- \\ Fin=- \end{bmatrix}\Rightarrow$walk，stink，rotate，…

（49）$V\begin{bmatrix} Num=sing \\ Trans=+ \\ Fin=+ \end{bmatrix}\Rightarrow$likes，beats，loves，owns，…

（50）$V\begin{bmatrix} Num=sing \\ Trans=- \\ Fin=+ \end{bmatrix}\Rightarrow$walks，stinks，rotates，…

以上就是话语表现理论构造的句法系统的一个基本框架。

二 话语表现结构 DRS 的构造规则

前文给出了话语表现理论的句法框架，接下来要在句法框架的基础上着手解决从语句的句法树向话语表现结构转化的问题。话语表现结构即 Discourse Representation Structure，简称 DRS，它是话语表现理论句法和模型解释之间的中间层，可以理解为语义表现。话语表现理论的中心任务就是要在一定算法的基础上，给出自然语言语句的话语表现结构。多数情况下，话语表现结构 DRS 不是单个语句的语义表现，它常常适用于更大的语言单位，比如一系列语句构成的一个语篇、语篇上下文等等。整个语篇是由多个简单句组成的，因而它的话语表现结构就是逐个分析每一个简单句而得到的。形象来说，对语句系列 S_1，S_2，…，S_n，话语表现理论先分析 S_1 得到它的 DRS_1，再将 DRS_1 中的信息累加到 S_2 的分析中，得到 DRS_2，如此进行下去，直到得到 S_n 的话语表现结构 DRS_n，这 DRS_n 就是整个语篇的语义表现。[①] 从 DRS_1 到 DRS_2，再到 $DRS_3\cdots DRS_n$ 这一过程体现了话语表现理论动态分析语篇的特征，也体现了它对语句意义的理解是一个渐进变化的过程。

---

① 邹崇理：《自然语言逻辑研究》，北京大学出版社 2000 年版，第 109 页。

　　作为一种动态描述自然语言意义的形式语义学理论，话语表现理论较之于先前的理论有诸多优势：一方面，话语表现理论抓住了语句之间的语义连贯性。在语言使用过程中，语句之间代词和名词的回指照应，以及动词在时间方面的衔接都与语义的连贯性息息相关。话语表现理论在逐个分析语句过程中，能够合理地解决指代照应问题，不断更新语篇的语义信息，使得整个语言交流成功进行。另一方面，话语表现理论这一动态的分析方法符合人们的认知规律。话语表现理论是逐步把握整个语篇的意义的，也就是说，新语句的语义分析要依赖上文，经过更新后的语句信息又成为下文理解的基础。话语表现理论这一形式语义学理论的以上两个优点使得它容易被学者们接受。值得注意的一点是，话语表现理论与以往形式语义学遵守的组合性原则略有不同。组合原则说的是整个语句系列 S_1，…，S_n 的语义应该是它的组成部分的各个语义之和。而话语表现理论构造语句系列 DRS 的过程却显示，整个语篇总体的语义比各个部分的语义累加起来得到的信息更多。之所以会出现这种情况，是因为话语表现理论独特的分析方法，多出的语义信息正是语篇之间联系的纽带。以指代照应的语篇为例，比如整个语篇由语句 S_1 和 S_2 组成，S_1 中涉及的信息含有话语所指 x，S_2 中涉及的信息含有话语所指 y，整个语篇的 DRS 不仅含有 S_1 的信息和 S_2 的信息，还有联系 S_1 和 S_2 的信息——x = y。

　　早在 20 世纪 70 年代初，蒙太格语法的语义解释和语义翻译就是在句法结构的形式分析基础上展开的，句法每生成一步，相应的语义解释就运作一步，句法和语义是同态的。话语表现理论类似于蒙太格语法的做法，它以语句的句法分析树为出发点，不断构造语句的话语表现结构 DRS。它不同于蒙太格语法的地方是，话语表现理论的语义部分并非对句法结构生成的每一步都作出反应，而是以生成英语语句的最终分析树为依据，进行 DRS 的构造。① 比如：

（1） William owns Emma. It fascinates him. （威廉拥有《爱玛》这本书。它使他着迷。）

由话语表现理论的句法规则，可以对（1）中第一个句子进行句法生成②：

（a）
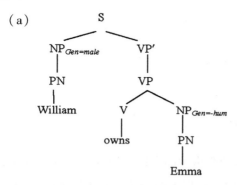

在句法生成树（a）中，S 这一语句可以被分析成主语和谓语的一个结合，因而 S 顶节点分成了 NP 和 VP′ 两个枝，NP 这一枝的终端符号是"William"。主谓语的这种结合方式，从语义上表明，主语 NP 所指的个体必须满足谓语 VP′ 所表达的性质。为表现这一信息，话语表现理论引入一个形式符号——变项 x 来表示 NP 指示的个体，另外，还用特定的公式来表示 NP 指示的个体满足 VP′ 所表达的性质这一状况。从句法树（a）中可以看到，VP′ 这一枝还包含宾语 NP。因而，对（a）进行语义操作的第一步就是对它的主语 NP 这一枝进行置换，用表示个体的形式符号 x 替换它。由于 NP 的终端符号是专名"William"，x 就是"William"所指的个体，同时确立"William(x)"表示这种关系。至此，可以对（a）进行第一次语义

① 邹崇理：《自然语言逻辑研究》，北京大学出版社 2000 年版，第 110 页。

② 为了书写方便，使图表看起来清晰，文中暂时省略了句法范畴中的一些下标，只将重要的标注出来。

操作，得到下图：

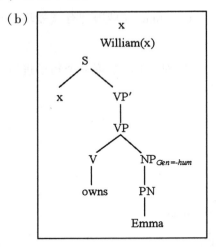

（b）中的分析树表示主语 NP 指示的个体 x 拥有 "owns" 关系，我们再引入一个变项 y 来表示宾语 NP 指示的个体。利用以上同样的方法，将分析树中宾语 NP 这一枝的终端符号 "Emma" 置换为 y，同时再用 "Emma（y）" 表示这种关系。经过两次语义操作，最后得到 "x owns y" 这一结果，体现在分析树中即为：

（c）
```
  x      y
William(x)
Emma(y)
x  owns  y
```

（c）即是语句（1）中第一个子句的话语表现结构 DRS。在（c）分析的基础上，用同样的方法对（1）中第二个子句进行语义操作：先将第二个子句的句法分析树生成出来，放入（c）中；然后引入表示两个代词 "it" 和 "him" 的个体变项 u 和 v，分别进行置换操作和确立 u 与 v 关系的操作。于是，最终获得语句（1）的完整 DRS：

（d）

```
┌─────────────────────┐
│   x  y  u  v         │
│   William(x)         │
│   Emma(y)            │
│   x  owns  y         │
│      u = y           │
│      v = x           │
│   u  fascinates  v   │
└─────────────────────┘
```

通过（1）这个例子的 DRS 可以看出，话语表现理论的所有 DRS 都由两个部分组成：①NP 所指的个体 x，y，u，v 等，被称作话语所指① （discourse referent）；话语所指的集合 ｛x，y，u，v｝ 称作话语表现结构 DRS 的论域（universe），记作 U_K，位于 DRS 图表的顶部。②与话语所指相关的各种条件，如 "William（x）"，"Emma（y）" 等，它们被称作 DRS 条件（DRS-condition）。｛William（x），Emma（y），…｝被称作 DRS 条件集，记作 Con_K，位于 DRS 图表中论域的下方。

话语表现理论从英语语句的句法生成树开始，根据规则一步步操作，最终得到语句的语义表现 DRS。以上通过实例进行的说明只是一种非形式化的介绍，实际上话语表现理论在从句法树向语义表现 DRS 转化的过程中有着严格的构造算法和构造规则，这些算法和规则使得话语表现理论的每一步操作都有章可循。下面依次来介绍话语表现结构 DRS 的构造算法和 DRS 的构造规则，为了获得语句系列 S_1，S_2，…，S_n 的 DRS，话语表现理论制定了以下构造算法：

DRS—构造算法

输入：语篇 $D = S_1$，…，S_i，S_{i+1}，…，S_n

初始 DRS K_0，K_0 为空框图

对 $i = 1$，…，n 而言，不断重复下列运算：

---

① "话语所指" 这个术语最先是卡图南于 1976 年提出的，他意在强调名词短语在语句中的作用。不管这个名词短语是否在真实世界中有对应的实体，只要是谈话需要，就可以引入这样一个话语所指。比如，我们可以在语篇中讨论 "the King of France"，尽管现实世界中法国并没有国王。DRT 在引入话语所指时，不以名词或名词短语是否在真实世界中存在这一特点，使得它与其他形式语义学理论形成了鲜明的对比。

①将语句 S_i 的句法分析 $[S_i]$ 并入到 K_{i-1} 的条件中，所得到的 DRS 为 K_i^*，然后执行②；

②输入：K_i^* 的可化归条件集。

不断对 K_i^* 的每一个可化归条件应用构造规则，直到获得一个不再含有可化归条件的 K_i 为止，然后执行①。

从以上构造算法可以看出 DRS 构造的特点：先对语句 S_1 进行分析，将 S_1 的句法分析树并入到作为起点的 DRS 中，记作 K_0。然后对 K_0 运用 DRS 构造规则，由此获得的 DRS 记作 K_1。再在 K_1 的基础上分析语句 S_2，将 S_2 的句法分析树并入到 K_1 中，如此不断操作，直到将 S_n 的分析树并入 K_{n-1} 当中，运用 DRS 构造规则再处理 K_{n-1}，最终获得 K_n。K_n 即该语句系列 S_1，S_2，…，S_n 的 DRS，它是累积 K_1，K_2，…，K_{n-1} 所有语义信息的结果。值得注意的是，DRS 构造算法中提到的 $[S_i]$ 是以 S_i 为顶节点的句法分析树，同时话语表现理论也将句法分析树看作一种 DRS 条件。

在 DRS 构造算法中，可化归条件（reducible condition）是一个非常关键的概念。它是指含有一个或多个初始格局①的 DRS 条件，也即那些由句法分析树充当的条件。初始格局这一概念又和 DRS 的构造规则密切相关。构造规则在话语表现理论中占有非常重要的位置，汉斯·坎普曾经将 DRS 构造规则看作话语表现理论的三个主要构成部分之一。② 话语表现理论为句法部分提及的很多语类规定了相应的构造规则，比较代表性的有：专名的构造规则 CR③. PN，不定摹状词的构造规则 CR. ID，代词的构造规则 CR. PRO，否定的规则 CR. NEG，名词关系从句的构造规则 CR. NRC，名词范畴下降的规则 CR. LIN 等。下面依次列出这些规则的具体要求：

---

① 初始格局（triggering configuration），又称起始格局，是 DRS 构造规则中的概念，后面的规则中会有详细介绍。

② H. Kamp, "A Theory of Truth and Semantic Representation", in Paul Portner and Barbara H. Partee (eds.), *Formal Methods in the Study of Language*, 2002, p. 191.

③ CR 是 construction rules 的缩写，意即构造规则。

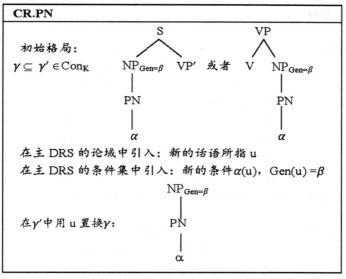

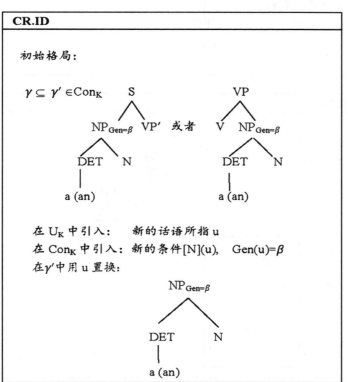

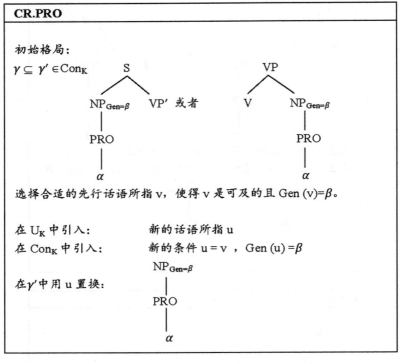

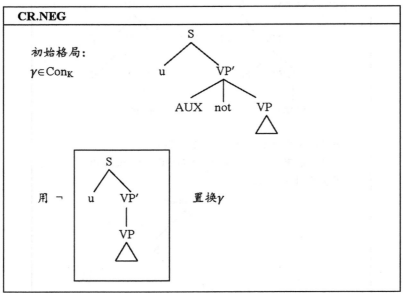

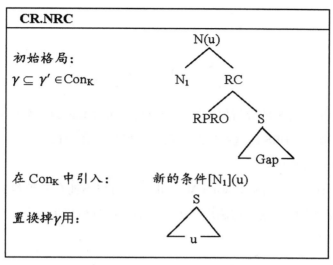

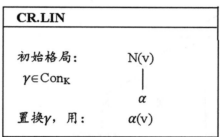

以上图中的 γ 表示运用这个规则的初始格局，γ′是那个正被处理的包含 γ 为其子树的条件，γ 和 γ′ 都是句法树，γ′ ∈ Con$_K$ 表示 γ′ 属于 Con$_K$。引入的新条件 Gen（u）= β 体现的是变项 u 的性特征，它与语句系列中代词和名词之间的照应关系处理有关。在不定摹状词的构造规则中，[N]（u）表示以 N（u）为顶节点的分析树。代词的构造规则中提到的"合适的先行话语所指"指的是已经在话语表现结构 DRS 中出现的话语所指，这个话语所指指示的名词与现有句子中的代词在数、性、格等句法特征方面一致。① 名词关系从句的构造规则 CR. NRC 中出

---

① 邹崇理：《自然语言逻辑研究》，北京大学出版社 2000 年版，第 119 页。

现的：

表示顶点为 S 的分析树，这个分析树或包含 Gap 这一句法特征或包含话语所指 u。DRS 的这些构造规则是如何发挥作用的呢？下面通过一个实例来加深理解：

（2）Danny does not own a Mercedes. （丹尼不拥有一辆奔驰车。）

由话语表现理论的句法规则生成它的句法分析树为（e）：

（e）

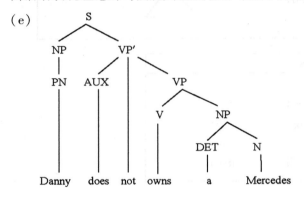

根据话语表现结构 DRS 的构造算法，逐次运用 CR. PN、CR. NRC、CR. ID 和 CR. LIN 规则，获得（2）的 DRS 框架图如下：

（f）

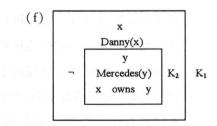

（f）即是语句（3）的完整 DRS，从图中可以看到，完整的 DRS K_1 中还包含了一个小 DRS K_2，并且这 DRS K_2 是一个复杂的 DRS 条件。与通常情况下处理否定句的方法不同，话语表现理论对否定句的处理是

将否定词放入 DRS 前。关于话语表现结构 DRS 的构造规则就先介绍到这里，下文中会随着需要及时补充必要的规则。

三　DRS 在模型中的解释

话语表现理论的特殊贡献在于它为自然语言的语句提供了一个可以展现其语义的框架图 DRS，然而构造 DRS 并不是话语表现理论的最终目的。话语表现理论作为一种动态描述自然语言的形式语义学理论，它的终极目标是运用现代逻辑的真值条件模型论语义学方法对话语表现结构 DRS 进行解释，也即对 DRS 呈现的英语语句进行语义描述。①

模型相当于外部世界的抽象，话语表现结构 DRS 在模型中的解释是以模型为参照物，来检验自然语言中的语句是否属实。简单来说，如果检验到语句中出现的个体在当下语境中有指称或者语境中有个体满足当下要求的性质，那么这个语句便是真的。比如，要想使前文中的 DRS（c）为真，我们只需要找到现实的个体 a，b；使得 a 满足条件 "William（x）"（即 a 是专名 "William" 的现实对应个体），b 满足条件 "Emma（y）"（即 b 是专名 "Emma" 对应的那本书），a 与 b 满足条件 "x owns y"（即 a 与 b 的关系属于 "owns" 对应的现实关系）。从之前的论述可以看到，每一个 DRS 的构成要素有两类：给定语言的词汇 V 和话语所指的集合 R。话语所指的集合 R 是由 x、y、z、u、v 等个体变项组成的，给定语言的词汇 V 包括与专名对应的名称，与通名、不及物动词对应的一元谓词；与及物动词对应的二元谓词等。DRS 条件就是由 R 中的元素和 V 中的元素组合而成的，通过 DRS 条件进一步组合成 DRS。其严格定义如下：

---

① 邹崇理：《自然语言逻辑研究》，北京大学出版社 2000 年版，第 126 页。

定义 1

(1) 一个限制在 V 和 R 上的 DRS K 是一个有序对 $\langle U_K, CON_K \rangle$，其中 U_K 是 R 的一个子集，也可能为空集；CON_K 是限制在 V 和 R 上的一个 DRS 条件的集合。

(2) 一个限制在 V 和 R 上的 DRS 条件是下列表达式之一：

（a） $x = y$，其中 x、y 属于话语所指的集合 R；

（b） $\pi(x)$，其中 x 属于 R 且 π 是给定语言的词汇 V 中的名称；

（c） $\eta(x)$，其中 x 属于 R 且 η 是 V 中与通名相对应的一元谓词；

（d） $x\zeta$，其中 x 属于 R 且 ζ 是 V 中与不及物动词相对应的一元谓词；

（e） $x\xi y$，其中 x、y 属于 R 且 ξ 是 V 中与及物动词相对应的二元谓词；

（f） $\neg K$，其中 K 是一个限制在 V 与 R 上的 DRS。

该定义中，（f）将 DRS 作为一个构成要素，这种包含 DRS 的条件被称为复杂条件，（a）—（e）的条件被称为原子条件或简单条件。一般情况下，出现在 DRS 条件中的每一个话语所指也都出现在其论域中，但在否定句中，情况就变得复杂了。比如前文的 DRS（f）中，"¬"符号后面的 DRS 框图中的子 DRS 条件 "x owns y"，它的话语所指 x 并没有在该框图的论域中。为了说明否定句这种特殊情况，需要给出 "话语所指自由" 的定义：

定义 2

(1) 话语所指 z 在一个 DRS K 中是自由的，当且仅当它在 CON_K 的某个条件中是自由的，并且 z 不属于 U_K；

(2) 如果 γ 是一个 DRS 条件，z 是一个话语所指，那么 z 在 γ 中是自由的，当且仅当

（a）γ 形如 x = y，且 z 是 x 或 z 是 y；

（b）γ 形如 π（x），且 z 是 x；

（c）γ 形如 η（x），且 z 是 x；

（d）γ 形如 xξ，且 z 是 x；

（e）γ 形如 xξy，且 z 是 x 或 z 是 y；

（f）γ 形如 ¬K，且 z 在 K 中是自由的。

根据定义 2，DRS（f）中 K_2 作为 K_1 的子 DRS（sub-DRS），话语所指 x 在 K_2 中是自由的，但 x 在主 DRS K_1 中却不是自由的。另外，y 在 K_2 中不是自由的，根据（2f），y 在 ¬K_2 中不是自由的；再根据（1）得知，y 在 K_1 中也不是自由的。因而，K_1 中没有自由的话语所指。话语所指是否自由关系到一个 DRS 是否恰当的问题，什么样的 DRS 是恰当的呢？

定义 3

一个 DRS 是恰当的，当且仅当该 DRS 中没有自由的话语所指。

由此可见，DRS（f）这一结构是恰当的，它不包含自由的话语所指。"恰当性"是一个非常重要的概念，话语表现结构 DRS 的恰当性保证了 DRS 所表达的命题有确定的内容，这就为 DRS 的语义解释提供了可行性。

有了以上知识，就可以介绍 DRS 模型的概念了。DRS 的模型 M 是一个三元组 $\langle U_M, Name_M, Pred_M \rangle$，$U_M$ 是模型论域，是由若干个体构成的集合；$Name_M$ 是 V 中个体常项集到 U_M 的映射，它给 V 中的每个名称都指派 U_M 中的一个个体；$Pred_M$ 是 V 中谓词常项集合到与 U_M 相连的恰当的对象的映射；若 P 是 V 中的一元谓词，那么 $Pred_M$（P）是 U_M 的子集，若 P 是 n 元谓词并且 n≥2，那么 $Pred_M$（P）是 U_M 中 n 元序组的集合。[①] DRS 在模型 M 中为真，当且仅当存在一个将 K 的话语所指与

① 夏年喜：《从知识表示的角度看 DRT 与一阶谓词逻辑》，《哲学研究》2006 年第 2 期。

模型论域 U_M 中的成员联系起来的方式，联系的结果就使 K 的每一个条件在 M 中"可证实"或"被确认"（verified）。这个联系方式通过一个称作可确认嵌入（embedding）的函项 f 体现出来。[1] 下面来看 DRS 和 DRS 条件可证实或被确认的定义：

定义 4

令 K 是限制在给定语言词汇 V 和话语所指集合 R 上的一个 DRS，且 M 是 V 的一个模型，令 γ 是一个 DRS 条件，则 K 在 M 中为真，当且仅当存在一个从 R 到 M 的嵌入函项 f[2]（也即映射 f），使得 Dom（f）= U_K，且 f 在 M 中确认 K。

f 在 M 中确认 K，具体地说，就是确认 K 中的每一个条件，进一步定义如下：

定义 5

（1）f 在 M 中确认 DRS K，当且仅当 f 在 M 中确认 Con_K 中的每一个条件；

（2）f 在 M 中确认条件 γ，当且仅当

（a）γ 形如 x = y，且 f 将 x 和 y 映射到 U_M 中的同一个元素；

（b）γ 形如 π（x），且 f 将 x 映射到 U_M 中的一个元素 a，使得 $\langle \pi, a \rangle$ 属于 $Name_M$；

（c）γ 形如 η（x），且 f 将 x 映射到 U_M 中的一个元素 a，使得 a 属于 $Pred_M$（η）；

（d）γ 形如 xζ，且 f 将 x 映射到 U_M 中的一个元素 a，使得 a 属于 $Pred_M$（ζ）；

（e）γ 形如 xξy，且 f 将 x 与 y 映射到 U_M 中的元素 a 和 b，使得 $\langle a, b \rangle$ 属于 $Pred_M$（ξ）；

---

① 邹崇理：《自然语言逻辑研究》，北京大学出版社 2000 年版，第 129 页。

② f 是 R 到 M 的一个映射，也即 f 的论域包含在 R 中，值域包含在 U_M 中。

（f） γ 形如¬K′，且不存在从 R 到 M 的映射 g，使得 Dom（g）= Dom（f）∪U$_{K'}$且 g 在 M 中确认 K′，其中 g 是 f 的扩展①。

在以上定义基础上，列举英语中的一个语句，具体说明话语表现理论的语义模型对语句的语义解释：

Christian likes Emma. He doesn't own a Mercedes. （克里斯汀喜欢《爱玛》这本书。他不拥有一辆奔驰车。）

话语表现理论构造出该语句的 DRS 如下：

（n）
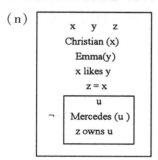

要给出（n）的真值条件，必须证明存在一个嵌入函项 f 及其模型 M 使得：f 在模型 M 中确认（n）。令 M′ = $\langle$U$_{M'}$，Name$_{M'}$，Pred$_{M'}$$\rangle$，其中：

·U$_{M'}$是个体集合 {a，b，c，d，e}

·Name$_{M'}$是有序对集合 { $\langle$Christian，a$\rangle$，$\langle$Smith，b$\rangle$，$\langle$Emma，d$\rangle$，$\langle$Candide，e$\rangle$}

·Pred$_{M'}$是下述有序对的集合：

①有序对 $\langle$likes，likes$_{M'}$$\rangle$，其中 likes$_{M'}$是集合 { $\langle$a，d$\rangle$，$\langle$a，e$\rangle$，$\langle$b，e$\rangle$}

②有序对 $\langle$owns，owns$_{M'}$$\rangle$，其中 owns$_{M'}$是集合 { $\langle$b，c$\rangle$，$\langle$e，a$\rangle$，$\langle$a，b$\rangle$，$\langle$b，d$\rangle$，$\langle$d，a$\rangle$}

---

① g 是 f 的扩展指：g 的定义域包含 f 的定义域，Dom（f）⊆Dom（g），且对于每一个 x ∈Dom（f） 而言，f（x）=g（x）。

③有序对〈Mercedes，Mercedes$_{M'}$〉，其中 Mercedes$_{M'}$ 是集合｛c｝，即该集合中只有个体 c 一个元素。

通过分析可以得到，M'和（n）之间存在一个对应关系，也即存在一个嵌入函项 f，使得 f（x）＝a，f（y）＝d，f（z）＝a，且 f 确认（n）的所有条件：由于〈Christian，f（x）〉，〈Emma，f（y）〉∈ Name$_{M'}$，因而根据定义 5 的（2b），f 在 M'中确认 Christian（x）和 Emma（y）；同时，由于〈f（x），f（y）〉∈ likes$_{M'}$，因而〈f（x），f（y）〉∈ Pred$_{M'}$（likes），根据（2e）f 在 M'中确认 x likes y；由于 f（z）＝ f（x），根据（2a），f 在 M'中确认 z＝x。

要证明 f 在 M'确认（n）中的复杂条件：

（p）
$\neg$
$$\boxed{\begin{array}{c} u \\ \text{Mercedes}(u) \\ z\ \text{owns}\ u \end{array}}$$

就要证明不存在一个嵌入函项 g，g 是 f 的扩展，使得 Dom（g）＝ Dom（f）∪U$_{(p)}$，也即 Dom（g）＝｛x，y，z，u｝，g 在 M'中确认：

（q）
$$\boxed{\begin{array}{c} u \\ \text{Mercedes}(u) \\ z\ \text{owns}\ u \end{array}}$$

假定存在这样的嵌入函数 g 能在 M'中确认（q）。由于 Mercedes 在 M'中的外延是｛c｝，因而，g 要在 M'中确认"Mercedes（u）"就必须有 g（u）＝c。另外，g 要在 M'中确认"z owns u"就必须有〈g（z），g（u）〉∈owns$_{M'}$。由于 g 是 f 的扩展，则 g（z）＝f（z）＝a。已知 g（u）＝c，因而〈a，c〉∈owns$_{M'}$。但是，根据 M'的外延定义，〈a，c〉∉owns$_{M'}$，出现矛盾，所以不存在这样的嵌入函数 g，由此也可知 f 在 M'中确认（p）。知道了 f 在 M'中确认（n）的所有条件，根据①，f 在 M'中确认（n），再根据定义 4，（n）在 M'中为真，也即模型 M'及嵌入函项 f 就是（n）的真值条件。有了模型中真的定义，就可以定义逻辑学和语言学中的两个非常重要的语义概念了，它们分别是"逻辑真"和"逻辑后承"：

定义 6

①一个 DRS 是逻辑真的，当且仅当它在 V 的所有模型中都为真；

②一个 DRS K 是 DRS K_1，…，DRS K_n 的逻辑后承，当且仅当对 V 的每一模型 M 而言，如果 K_1，…，K_n 在 M 中都真，那么 K 在 M 中也真。

第一章　预设研究探源*

　　预设是自然语言中常见的一种语言现象，人们通常用预设来表达已知的信息。国外学者对预设的研究由来已久，自 19 世纪末关于指称问题探讨时就开始关注"预设"这一概念。德国数学家、逻辑学家弗雷格（Frege，1892）是第一个将预设作为逻辑概念加以研究的学者。自弗雷格之后，罗素（Russell，1905）、斯特劳森（Strawson，1950）、塞尔（Sellars，1954）等相继在文章中谈到预设，他们的研究激起了学者们对预设理论的浓厚兴趣，有关预设的定义、预设的性质、预设触发语的问题以及预设的可取消性和预设的投射问题不断进入研究者的视野中。本章对预设研究的历史进行回顾，追溯了预设理论的哲学渊源，分析了语言学研究预设的视角。

一　哲学中对预设的讨论

（一）弗雷格的预设观

　　弗雷格在文章《论涵义和指称》（"On Sense and Reference"，

---

　　* 本章节部分内容已发表，有改动。参见陈晶晶《自然语言中的预设问题》，《重庆理工大学学报》2015 年第 3 期。

1892）中最早提到语言使用中的预设现象。他认为，普通名称和单独名称都有涵义和指称，名称的指称即该名称所指的对象；名称的涵义即名称的意义，也就是人们所熟知了解的意义。弗雷格指出，句子也有涵义和指称，句子的涵义就是它所表达的思想，也即命题。句子的指称是该句子的真假值。他认为，如果一个句子所含有的单独名称没有指称，那么这个句子就没有指称，也就是此时该语句没有真假值。借用弗雷格最经典的例子来阐述这个问题：

（1）Kepler died in misery. （开普勒死于贫困之中。）

（2）Kepler died in misery. ∧ Kepler designates something.

（3）Kepler did not die in misery. （开普勒没有死于贫困之中。）

（4）Kepler did not die in misery. ∨ The name Kepler has no reference.

弗雷格指出，如果（1）"开普勒死于贫困之中"的单独名称"开普勒"没有指称，也就是说，事实上没有"开普勒"这个人，那么这个句子就没有指称，这个句子就既不是真的，也不是假的。他还指出，预设不包含在语句的意义之中，预设隐藏在语句的背后。比如"Kepler died in misery"这个句子包含了"Kepler designates something"；这个句子的否定不是"Kepler did not die in misery"，而是（4）。也是在这个意义上弗雷格说：

如果人们陈述某些东西，当然总要有一个预设，即所用的简单的或复合的专名有一个意谓。因此当人们说"开普勒死于贫困之中"时，就已预设"开普勒"这个名字表示某物，但是，"开普勒"这个名字表示某物这个思想却不因此包含在"开普勒死于贫困之中"这个句子的意义之中。……实际上，"开普勒"这个名字表示某物，这一点既是"开普勒死于贫困之中"这个陈述的预设，也是其反对陈述的预设。①

"意谓"在这里即指称，这段话说的是一个句子预设了它所包含的单独名称有指称，预设了单独名称所指称的对象存在。弗雷格这段话中所谈论的预设是我们在文献中常常提及的存在预设，也是预设的主要类型之一。

根据弗雷格的思想，预设是有真假值的。当预设得不到满足时，预设就失败，此时预设就为假。他认为，预设之所以失败是因为自然语言不完善：

> 语言是有缺陷的，因为语言中可能有这样的表达式，它们根据语法形式似乎肯定表达一个对象，但是在特殊情况下，它们却达不到这种肯定。②

由于语言的特殊性容易造成没有指称的虚假专名出现，因而弗雷格想建立完善的逻辑语言。完善的逻辑语言应该满足以下条件：

> 由已经引入的符号作为专名而合乎语法规则地构造起来的每个表达式，实际上也表示一个对象，并且一个符号的意谓若不确定，这个符号就不能作为一个专名而被引入。③

这种完善的语言就可以避免存在预设为假的表达式出现的情况。弗雷格为了使得他所创建的逻辑依然遵循排中律，对预设为假的语句做了相应的处理。他保留了二值性，用预设失败来填补由此产生的真值间

---

① ［德］弗雷格：《弗雷格哲学论著选辑》，王路译，商务印书馆 2006 年版，第 109 页。
② ［德］弗雷格：《弗雷格哲学论著选辑》，王路译，商务印书馆 2006 年版，第 109 页。
③ ［德］弗雷格：《弗雷格哲学论著选辑》，王路译，商务印书馆 2006 年版，第 110 页。

隙。当然，弗雷格希望语言使用者避免使用没有指称的表达式。

（二）罗素的预设理论

20 世纪初，英国哲学家、数学家罗素在他的摹状词理论中提出了与弗雷格预设理论不同的看法。罗素注意到弗雷格理论中的问题，他为了避免句子因含有没有指称的成分而导致真值间隙，提出了摹状词理论。在罗素看来，根本不存在这样的真值间隙。他认为，即使句子的预设为假，也可以确定句子的真假。以他在《论指称》（"On Denoting"，1905）中经典的例子来说明：

（5）The king of France is bald.（法国国王是秃子。）

罗素认为，（5）虽然看似是一个简单命题，但它其实是由三个支命题所构成的复合命题。（5）所包含的三个命题分别是：

（ⅰ）"x 是法国国王"不恒假，即至少存在一个个体是法国国王；

（ⅱ）"如果 x 和 y 是法国国王，那么 x 和 y 等同"恒真，也即至多存在一个个体是法国国王；

（ⅲ）"如果 x 是法国国王，那么 x 就是秃子"恒真，也即谁是法国国王谁就是秃子。

对这三个命题进行合取操作，合取后的复合命题就是"法国国王是秃子"所表达的涵义，我们也可以将这个句子的逻辑形式表达为：

（ⅳ）$\exists x\,[\,\varphi x \wedge \forall y\,(\varphi y \rightarrow y = x)\,\wedge \psi x]$

如果预设为假，即不存在法国国王，那么这个合取命题也为假。合取命题的值为假就意味着"法国国王是秃子"为假，这样就没有了真值间隙。在罗素摹状词理论的分析中，即使不存在法国国王，"法国国王不是秃子"的值也可以得到确定，此时需要借助以下的几个公式[1]：

（ⅴ）bald（lx. king-of（x，f））

---

[1] 夏年喜：《语义预设的合理性辩护》，《哲学研究》2012 年第 8 期。

（ⅵ）¬bald（lx. king-of（x，f））

（ⅶ）∃x（φ∧∀y（{y/x} φ→x≡y）∧υ（x））

（ⅷ）∃x（king-of（x，f）∧∀y（king-of（y，f）→y≡x）∧ ¬bald（x））

（ⅸ）¬∃x（king-of（x，f）∧∀y（king-of（y，f）→y≡x）∧ ¬bald（x））

罗素用词项 l（iota item）表示限定摹状词，"法国国王是秃子"和 "法国国王不是秃子"可以分别表示为（ⅴ）和（ⅵ）。词项 l 是一个 缩写，它可以用（ⅶ）来表示。也就是说，υ（lxφ）是对（ⅶ）的缩 写，缩写的具体内容由限定摹状词出现的上下文所决定。这里，υ（v） 是含有项 v 的公式，当 v 是变项时 v 必须是自由的。若利用（ⅶ）来展 开（ⅵ）的话，可以有两种选择：一种是将"¬bald"解释为υ，另一 种是只把"bald"解释为υ。选择第一种时我们得到（ⅷ），选择第二 种时得到的是（ⅸ）。（ⅷ）是说"存在一个个体，这个个体是法国国 王，但他不是秃子"；（ⅸ）说的是"不存在一个是法国国王并且是秃 子的个体"。因为没有法国国王，所以将"法国国王不是秃子"分析为 （ⅷ），这个语句取值为假，如果将其分析为（ⅸ），那么取值为真。通 过这两种分析，可以看出依然没有真值间隙。

从某种意义上说，罗素的摹状词理论也可以被视为一种预设理论。 罗素对摹状词的精辟分析堪称现代分析哲学的典范。有学者高度认可罗 素的研究，甚至愿意将罗素的摹状词理论称为预设理论。但也有学者对 罗素的理论进行了激烈的抨击，斯特劳森就是其中的代表之一。正是在 这种思想激烈碰撞的研究氛围中，预设理论得到不断充实和发展。

（三）斯特劳森的预设思想

罗素对弗雷格理论的批评使得预设的研究沉寂了将近半个世纪。直 到 20 世纪 50 年代，英国哲学家斯特劳森在《心灵》杂志上发表了

《论所指》（"On Referring"，1950），在该文中斯特劳森对罗素的摹状词理论进行了批评，并重新思考了预设的问题。

斯特劳森指出，罗素在分析"法国国王是秃子"时犯了一个根本性的错误。这种分析方法没有将语句、语句的使用以及语句的表达三者区分开来，因而也就没有对语词、语词的使用和语词的表达进行区分。由这种思想派生出三个基本错误：一是把语词的意义等同于它的指称；二是把指称某个实体和断定某个实体的存在混为一谈；三是把一个含有摹状词的语句看成要么是真的要么是假的。[①] 在斯特劳森看来，说"The king of France is bald"或者说"The king of France is not bald"这类语句的人，并非如罗素所讲的那样不是在作出一个真的论断就是在作出一个假的论断。同时，"目前存在一个且仅仅存在一个法国国王"并不构成说出该语句的人所正在断定的内容的一部分。[②] 斯特劳森区分了语句、语句的使用和语句的表达，他认为语句本身只有涵义没有所指，没有真假，只有在特定语境中进行论断时才有真假。这种观点否定了罗素将"The king of France is bald"理解为合取三个命题在一起的做法，因而也就否定了罗素的预设理论。

斯特劳森的观点基本上发挥了弗雷格的预设思想，他认同弗雷格将预设失败作为自然语言常见现象这一说法，同时他又对弗雷格的思想有所发展。对于预设为假的语句，斯特劳森摒弃了二值逻辑的处理方式，认为当一个语句的预设为假时，这个语句虽然有意义（significant），但是"问这个语句是真的还是假的，这个问题没有意义"。比如，当我们说"杰克的孩子们都睡觉了"时，如果杰克根本没有孩子，这时这句话本身还是有意义的，但追问这句话是真是假在斯特劳森看来是毫无意义的。他认为，我们应该在语句和语句所断定的内容之间作出区分。

---

① ［美］马蒂尼奇：《语言哲学》，牟博等译，商务印书馆 1998 年版，第 420—433 页。
② ［美］马蒂尼奇：《语言哲学》，牟博等译，商务印书馆 1998 年版，第 426 页。

"杰克有孩子"是"杰克的孩子们都睡觉了"有真假值的必要先决条件。如果杰克没有孩子，谈论这个句子是真是假的问题就不会产生。总之，预设为真是语句为真或为假的前提条件。语句中所含的名称（单独名称、普通名称或摹状词）指称的个体不存在时，这个语句便是无法解释的，因而语句就不会有真假的问题。当我们能够判定一个语句的真假时，就说明这个语句的预设一定是真的。

斯特劳森在以上论述基础上，区分了"S 预设 S′"和"S 衍推 S′"，二者的相同点是"S∧¬S′"不能成立。二者的区别是：如果 S′只是 S 为真的必要条件，那么 S 衍推 S′；如果 S′不仅仅是 S 为真的必要条件，还是 S 为假的必要条件，那么 S 预设 S′。① 斯特劳森对预设和衍推的区分，是为了说明当 S′是 S 有真假值的必要条件时，S 预设 S′。

斯特劳森的预设理论为语言学和逻辑学的研究提供了新颖的思路。他的研究使得预设概念不断被语言学家和逻辑学家所接受，尤其是在他的《论所指》发表之后，关于预设的各种学说蓬勃发展起来，预设逐步成为逻辑学界、语言学界研究的重要课题。

二　语言学中对预设的探讨

20 世纪 60 年代，预设进入语言学的研究视野，并不断成为逻辑语义学的一个重要概念。70 年代起，由于语言学家基南（Keenan）将预设与语境结合起来研究，预设不断进入语用学的研究范围中。预设到底是语用现象还是语义现象，学界关于这个问题争论颇多。莱文森（Levinson）在《语用学》（*Pragmatic*，1983）中将预设区分为语用预设和语义预设，并对这两类预设作出了详细说明。由于莱文森的探讨，关

---

① P. Strawson，"Presupposition"，in A. Kasher（ed.），*Pragmatic*：*Critical Concepts*，*Vol. 4*，London：Routledge，1998，pp. 5 – 7.

于预设的诸多研究如预设的定义、预设的触发语以及预设和焦点、预设的投射等问题也逐步被学者们所关注。

（一）预设的定义

预设（Presupposition）最初只是英语中的日常语言词汇，从构词上来说，Presupposition 由 pre 和 suppose 组成，意为"预先假设"或"预先假定"，随着国内学者对预设研究的深入，预设逐渐成为语言学和逻辑学中非常重要的概念。关于预设的定义，学界还未达成共识。之所以对预设概念持不同的看法，是由于语义学和语用学的边界模糊，使得学者们很难对预设作出清晰的界定。虽然对预设作出普遍认同的定义比较困难，但值得欣喜的是，关于预设的某些性质学者们是普遍赞同的，比如都认为预设是交际双方所接受的背景信息，都认为预设是进行交际的先行条件等等。这里介绍几位比较有影响力的学者关于预设的表述，以期为本书后面的论述作铺垫。

斯特劳森（Strawson，1964）认为，一个命题 P 预设另一个命题 Q，当且仅当 Q 是 P 成立的必要条件。他指出，"对句子进行否定后预设得以保留"是预设的特征。

基南（Keenan，1971）将预设区分为语用预设与语义预设两种，认为语用预设是恰当表达一个语句所要求的适宜语言环境，而语义预设则为：一个语句 P 预设语句 Q，当且仅当语句 Q 为假时 P 无意义。

杰肯道夫（Jackendoff，1972）提出预设是说话者和听话者所共有的知识，或者说是交际双方共同的背景知识。

斯塔尔内克（Stalnaker，1973）认为预设是接受某一事物为真的命题态度。也就是说，说话人在某一语境中预设 S，当且仅当说话人假定或者相信 S，并且假定或相信他的听众也假定或者相信 S。

卡图南（Karttunen，1973）指出预设是语句对语境的一种要求。一个语句 P 以 Q 为预设，当且仅当语句 P 在蕴涵着 Q 的语境中才能得以恰当地表达。

奥尔伍德、安德森（Allwood、Andersson，1977）将预设理解为：预设是使某一语句具有真值的条件。

利奇（Leech，1981）指出，可以将预设看作当说话者说 P 时，认为 Q 是真的。

尤尔（Yule，1996）认为，预设是说话者在说出话语之前所基于的假设，说话者拥有预设，而不是话语拥有预设。

周礼全（1994）也给出预设的定义：在一个交际语境 C 中，说话者 S 对听话者 H 说出一句话语"U（FA）"时，S 预设语词、短语或子句"B"所指谓的对象或事态存在，当且仅当（I）根据预设规则，S 相信"B"所指谓的事物或事态存在并且相信 H 也相信"B"所指谓的事物或事态存在。（II）S 相信 H 知道（I）。[①]

从这些研究者的论述中可以看到，奥尔伍德、安德森和斯特劳森是从保证一个命题有真假值的角度来定义预设的，这种研究思路不考虑命题所处的具体语言环境，而只是抽象研究确保一个命题具有真假值的必要条件，这种语义研究进路大多被逻辑学家所继承。卡图南、斯塔尔内克、利奇、杰肯道夫等不满足于静态地、抽象地在命题层面谈论预设，他们将预设放入具体的交际环境中来研究，探讨在交际过程中交际者需要什么样的预设来保证交际行为顺利进行，这种语用研究的视角多为语言学家所欣赏。

（二）语义预设

前文提到弗雷格、罗素和斯特劳森有关预设的研究，我们注意到这三位学者都使用了"真""假"这样的概念。利用这样的语义概念从命

---

① 周礼全：《逻辑——正确思维和有效交际的理论》，人民出版社 1994 年版，第 459—460 页。

题有无真假值的角度来阐释预设或定义预设，称之为语义预设（Semantic Presupposition）。

1952 年，斯特劳森在《逻辑理论导论》这一著作中指出："一个命题 S 预设 S′当且仅当 S′是 S 有真值或假值的必要条件。"① 1997 年，瑞典语言学家詹斯·奥尔伍德（Jens Allwood）在《语言学中的逻辑》一书中也谈道："如果一个语句 P 与它的否定¬P 二者，只有在 Q 真时它们才是真的，那么 P 预设 Q。"② 斯特劳森从真值语义学角度分析预设，将预设看成是一个命题具有真假值的必要条件。奥尔伍德指出了预设的独特特征——即预设为语句的肯定形式和否定形式所共同具有。从两位学者的论述中，我们可以拓展得出，一个命题的语义预设就是从这个命题以及它的否定命题都能推出的命题。以弗雷格"Kepler died in misery"为例，"开普勒这个名字表示某物"既是"开普勒死于贫困之中"的预设，也是"开普勒并非死于贫困之中"的预设。根据语义预设的解释，如果 P 预设 Q 而 Q 为假的话，那 P 就既不真也不假。此时，我们可以说 P 没有真值，或者说 P 取某个不确定的第三值。

语义预设的最大特点是预设被看作语义系统中稳定不变的因素，它不直接涉及语句的说话者和听话者，不受语境的制约。预设是两个语句之间的语义关系，在这种语义解释中，预设的主体是命题，而不是人。预设的语义解释在很长时间内产生了很大的影响，然而由于它未考虑语境、背景知识、交际者的信念等因素，使得它在语言实践中处理预设的可取消性以及投射问题时存在局限性，因而语言学家又将预设纳入语用学的研究范围。

（三）语用预设

20 世纪 70 年代初，语言学家斯塔尔内克和基南、菲尔墨（Fill-

---

① P. Strawson, *Introduction to Logical Theory*, London: Methuen and Co. Ltd, 1952, p. 175.
② J. Allwood, *Logic in Linguistics*, London: Cambridge University Press, 1997, p. 150.

more）等人提出了语用预设（Pragmatic Presupposition）这一概念。语用预设是在语义预设的基础上考虑了使用语言的人以及现实的语境等因素，因而它可以被视为是关于命题态度或言语行为的预设。

将语用预设视为命题态度的代表是斯塔尔内克，他认为预设是接受某一事物为真的命题态度。在《论预设》（"Presupposition"，1973）一文中，他这样谈道："预设是一种命题态度。更确切地说，是一种接受某物为真的态度。"① 之后，斯塔尔内克修订的关于预设的定义为：

> 一个命题 S 是说话人在某一语境中的预设，当且仅当说话人假定或者相信 S，并且假定或相信他的听众假定或者相信 S，且假定或者相信他的听众认识到他正在作出这些假定或持有这些信念。②

斯塔尔内克这样的预设理论在解释某些语言现象时有一定的说服力。例如：

（6）我后悔报名参加中国好声音了。

听话者在听到（6）这样的语句时，会分析出它所传达的信息，即说话人报名参加了中国好声音比赛。听话者可以根据当时的各种因素来综合判断说话人是否真的后悔了。

基南将预设理解为有效言语行为所需要满足的条件。他在分析语境（context）和话语（utterance of a sentence）关系的基础上定义预设，认为语境包括说话者、听话者、话语说出的环境等，话语是事件，是说话行为本身（an actual act of speaking）。他指出，说话者的话语能够被理解需要满足某些条件和语境，这些条件就被称为话语的预设。通常来

① R. Stalnaker, "Presuppositions", *Journal of Philosophical Logic*, Vol. 2, No. 4, 1973, pp. 447 –457.
② R. Stalnaker, "Pragmatic Presupposition", in Asa Kasher（ed.）, *Pragmatics. Volume* Ⅳ: *Presupposition*, *Implicature and Indirect Speech Acts*, 1998, p. 18.

说，这些条件包括话语参加者的关系、身份、年龄、辈分以及说话时所提及的人物的信息，还包括物理背景中所提及物品的存在和相对位置等。基南认为，"话语语用预设它的语境是恰当的"①，语境的得体性（appropriateness）是有效言语行为的语用预设。卡图南在《复合语句的预设》（"Presuppositions of Compound Sentences"，1973）中谈到基南的预设思想，他曾说："假若我对基南的理解准确的话，语用预设就是说出语句的适宜条件（sincerity conditions）。"② 这个适宜条件指的是语句被恰当说出的语境。一般说来，预设是为了让人们更好地理解语句，使得句子在上下文语境中恰当。

此外，还有学者将预设看作交际双方共有的知识或者背景信息。他们认为，只有基于背景知识，说话者才能对听话者说某句话，并相信听话者理解他的话语，正是基于共同的背景知识，双方的交流才能达成。

虽然学者们关于语用预设有不同的理解，但他们似乎都倾向于赞同语用预设的两个特征：得体性（appropriateness）和共知性（common ground）。预设是实施一个言语行为所需要的适宜性条件，只有语境得体，整个言语行为才能达到良好的效果。在一个成功的交际行为中，预设总是表现为说话者和听话者都接受并理解的背景知识。这个背景知识可能是现实世界中的知识，也可能是某个信念世界的知识（如小说中的情节、人物关系）。语用预设的共知性使得交际双方对背景知识充分掌握，是话语被理解的基础，是成功交际的前提。

（四）预设的触发语

当我们说 P 预设 Q 时，作为预设的 Q 总是由 P 中的某个语词或某

---

① E. Keenan，"Two Kinds of Presuppositions in Natural Language"，in Asa Kasher（ed.），*Pragmatics*，*Volume* Ⅳ：*Presupposition*，*Implicature and Indirect Speech Acts*，1998，p. 13.

② L. Karttunan，"Presuppositions of Compound Sentence"，*Linguistic Inquiry*，Vol. 4，No. 2，1973，p. 169.

些特定的词触发的，比如"玛丽的女儿也考上了哈佛大学"预设"玛丽有女儿"，这一预设来源于语句中的"玛丽的女儿"；这句话还预设"除了玛丽的女儿外还有其他人考上了哈佛大学"，这一预设来源于语句中的副词"也"。语句中触发预设的语词被称作"预设诱发语"或"预设触发语"（presupposition triggers）。自然语言中有许多预设触发语，卡图南在《预设现象》（"Presuppositional Phenomenon"，1973）一文中搜集了三十一种预设的触发语，莱文森在《语用学》（*Pragmatic*，1983）这一书中选择了卡图南的十三种触发语类型进行了详细探讨，如下：

1. 限定摹状词（definite descriptions），预设所指事物存在，如"法国国王是秃子"触发预设"法国有国王"；

2. 叙实动词（factive verbs），如"知道、后悔等"，预设宾语句表达的是事实，如"他后悔参加《爸爸去哪儿》这个节目"中的"后悔"触发"他参加了《爸爸去哪儿》这个节目"这一预设；

3. 隐含动词（implicative verbs），如"忘记、避免等"，以动词所具有的某种隐含的意义作为预设信息。如"忘记做某件事"预设"该做某件事"；

4. 状态变化动词（change of state verbs），如"开始、继续、完成、离开、停止等"，经典的例子就是"你停止打你老婆了吗？"预设"你曾经打你老婆"，"停止"这个动词触发了预设；

5. 判断性动词（verbs of judging），如"批评、斥责、负责等"，预设宾语句陈述的是事实。如"老师批评小王考试作弊"中的"批评"触发预设"小王考试作弊"；

6. 重复意义动词（iteratives），如"再次、又、重新等"，预设某事件、动作、状态曾经存在过。如"北京的雾霾再次加重了"预设"北京的雾霾曾经严重过"；

7. 时间状语从句（adverbial clauses of time），即由"在…之前"

"在…之后""随着…""自从"等引导的从句，预设宾语句表述的是事实。例如，"她参加中国好声音之前演唱过《甄嬛传》的主题曲"中的"参加中国好声音之前"，预设"她参加了中国好声音这个节目"；

8. 比较和对比结构（comparisons and contrasts），比如"杰克是一个比露西更优秀的老师"预设"露西是一位老师"；

9. 强调句（cleft sentences），如"约翰一家是在七月份离开康涅狄格州的"预设"约翰一家离开了康涅狄格州"；

10. 隐性强调句（implicit cleft with stressed constituents），如"安迪损坏的东西是他的打印机"预设"安迪损坏了一些东西"；

11. 非限定性定语从句（non-restrictive attributive clauses），如"My brother，who is a doctor，went to Netherlands last week"预设"My brother is a doctor"；

12. 反事实条件句（counter factual conditions），如"如果她没有错过公交车的话，那她就不会迟到了"预设"她错过了公交车"；

13. 疑问句（questions），如"谁正在教室里唱歌呢?"预设"有人在教室里唱歌"。

莱文森这里提到的预设触发语大多是没有争议的，由这些典型的语词或结构触发的预设往往能够被学者所接受。在这十三种预设触发语中，第一种触发语所触发的预设常常被称为存在预设，第二种由叙实动词触发的预设称作事实预设，事实预设和存在预设是自然语言中两种非常重要的预设。①

预设触发语的语义内容与预设信息间有非常密切的关系。触发语的作用是引出预设，触发语所触发的预设信息可以通过触发语自身的词义进行追寻，或者通过某一结构的语法意义进行推导。也可以这样理解，预设与触发语的词义有联系，预设是隐含在触发语背后的某些背景信

---

① J. Allwood, *Logic in Linguistics*, London：Cambridge University Press, 1997, p. 150.

息。触发语是理解预设和解释预设的线索，触发语的存在，使得语句的预设信息拥有了可探寻性。汉语的许多词类和语言结构都具有触发预设的功能，因而这里分析预设触发语为后文预设投射问题的探讨奠定了基础。

第二章　预设投射问题的提出
及解决方案

在预设的研究中，预设投射问题（The Projection Problem of Presupposition）是最具争议的话题之一，它最初是由 P. Kiparsky 和 C. Kiparsky 以预设投射假说的形式提出。1970 年，在二人合著的"Fact"一文中，他们首次提出事实预设（Factive Presupposition）这一新的概念，详细地分析了英语中叙实动词补语（factive verb complement）的主要特征，将叙实动词补语作为整个复合表达式的预设来研究。较为完整的预设投射理论是由语言学家兰根道（D. T. Langendoen）和塞尔文（H. B. Savin）于 1971 年提出的。

一　预设的投射问题①

投射（projection）这个词来源于转换生成语法，指在语句构成成分语义解释的基础上对句子语义解释的分配，这里将其引用在预设投射问题上，是想说明当我们把一个简单句嵌入到另一个句子中，使其成为复

---

① 本节内容已发表，有改动。参见陈晶晶《预设投射问题探析》，《自然辩证法研究》2013 年第 10 期。

合表达式的一个组成部分之后，简单句原有的预设能否继续保留而成为整个复杂句的预设的问题。兰根道和塞尔文将简单句的预设与复合表达式的预设之间的关系称为预设的投射问题。

众所周知，弗雷格的组合原则是现代逻辑创立的重要原则之一，也是现有的大多数逻辑语义学的基本原则。组合原则说的是：一个复合表达式的意义是由它组成部分的意义以及它的组合方式的意义构成的，这一原则又被称为弗雷格原则。兰根道和塞尔文在《预设的投射问题》（"The Projection Problem for Presuppositions"，1971）一文中，根据弗雷格的组合原则，提出复合表达式的预设与复合表达式的意义一样具有组合性，也就是说，他们认为复合表达式的预设是其各组成部分的预设之和。用公式表达如下：

（1）$f(S) = f_1(S_1) + f_2(S_2) + \cdots + f_n(S_n)$

$f(S)$ 是复合表达式的预设，$f_1(S_1)$、$f_2(S_2)$ … $f_n(S_n)$ 是构成复合表达式的各个简单句的预设。

兰根道和塞尔文关于复合表达式预设的这一思想被称为"累积假设"（cumulative hypothesis）。累积假设最初提出时学者认为它是有根据的，并且它也得到了很多例证的支持。下面看一例证：

（2）约翰已经戒酒了，他不再接受礼物酒了。

（3）约翰已经戒酒了。

（4）约翰过去喝酒。

（5）约翰不再接受礼物酒了。

（6）约翰过去接受礼物酒。

显然，（2）是由两个简单句（3）和（5）组合而成，其中（4）是（3）的预设，（6）是（5）的预设，这两个预设之和正是（2）的预设。

虽然用公式表达如此简单，例证也使得我们相信累积假设成立；然而自然语言丰富多彩，预设信息在语句合成过程中的投射远比想象的复杂。当一个语句嵌入另一个语句中构成复合表达式时，复合表达式的预设会出现多种情况，像下面这样的句子累积假设就无能为力：

（7）玛丽有女儿，并且玛丽的女儿已经考上哈佛大学了。

（8）或者汤姆已经戒烟了，或者汤姆从来不抽烟。

（7）中"玛丽有女儿"虽然是"玛丽的女儿已经考上哈佛大学了"的预设，但它不是整个复合表达式的预设。"汤姆曾经抽烟"也不是（8）的预设，尽管它是其子句"汤姆已经戒烟了"的预设。

诚然，研究者都期待当一个简单句成为复合表达式的一部分时，该简单句的预设继续是真实的。然而，例（7）和例（8）两个语句告诉我们复合表达式的预设并非如累积假设所述的那样简单，子句的预设与复合表达式的预设之间到底是什么关系？在什么情况下子句的预设可以投射成为复合表达式预设的一部分？种种疑团吸引着勇于探究的学者们，使得他们从语义、语用乃至认知角度对预设投射问题进行了跨学科的研究，提出了预设投射问题的各种解释方案。

二 语言学的简约解决方案

兰根道和塞尔文尝试用"累积假设"的思想对投射问题进行解释，这种想法遭到了西方许多研究者的质疑。为了科学地描述投射问题并且给出比较有说服力的解决途径，语言学家提出了各种理论框架和解释模式；其中比较有影响的有卡图南的塞词—漏词—滤词模式（PHF模式）、盖士达的潜在预设说和福克尼尔的心理空间说。

（一）塞词—漏词—滤词模式

卡图南在《复合语句的预设》（"Presupposition of Compound Sentence", 1973)① 一文中，从谓语动词和句子联结词的角度对预设进行了分析。他根据英语中谓语动词对从句预设的统领程度不同将谓语动词分为三大类：塞词（Plugs）、漏词（Holes）和滤词（Filters）。在这一分类的基础上，他提出了预设投射问题的塞词—漏词—滤词模式，又称PHF解释模式。

卡图南在罗列许多能触发预设的语词后得出，有些语词是渗漏词，它可以让预设穿过去，上升成为整个复合表达式的预设；而有些语词是塞词，可以阻碍简单句的预设上升，引起投射问题；另外一些语词是滤词，也即逻辑联结词，只能允许一部分预设通过。在卡图南看来，预设投射共有两种情况值得关注：其一，简单句的预设在复合表达式整体的预设中得以保留；其二，简单句的预设在复合整句中消失。下面详细介绍这三类词所引起的预设保留和消失的情况。

塞词能阻断简单句的预设上升为整个复合表达式的预设。塞词包括表示命题态度的动词（如相信、认为、想象、梦见等）以及与言语有关的动词（如说、告诉、答应、提醒、要求等）。例如：

（9）（a）杰克梦见自己的翅膀慢慢展开。

（b）杰克的翅膀慢慢展开。

（c）杰克有翅膀。

在这个例子中，（9b）预设（9c），但（9c）并不是（9a）的预设。在卡图南看来，之所以会出现这种情况，是因为"梦见"这个词是塞词，它阻断"杰克有翅膀"成为"杰克梦见自己的翅膀慢慢展开"这一复合表达式的预设。

漏词能够使简单句的预设上升为整个复合表达式的预设。漏词包括事实动词（如知道、认识、后悔、继续等），情态动词（如可能、应

---

① L. Karttunan, "Presuppositions of Compound Sentence", *Linguistic Inquiry*, Vol. 4, No. 2, 1973, pp. 169 – 193.

该、或许、必须等）和否定关系词。例如：

（10）（a）安妮是个小偷。

　　　（b）有这么一个人叫安妮。

　　　（c）克里斯汀知道安妮是个小偷。

例（10）中，"安妮是个小偷"预设了"有这么一个人叫安妮"，现在将（10a）降格为宾语从句（10c），仍然可以看到，"有这么一个人叫安妮"这一预设在整个复合表达式的预设中得到继承和保留。由此可见，"知道"这个漏词使简单句的预设上升为整个复合表达式的预设。

滤词包括逻辑联结词（"如果…那么…""并且""或者"）以及"但是"等。这类词在预设分析中起到一个"过滤"的作用，也就是说，它允许某些简单句的预设投射到复合表达式整体的预设中，同时又阻止某些预设成为复合表达式的预设。因此，它比前面所讲的"塞词"和"渗漏词"都要复杂。比如：

（11）（a）如果约翰煮咖啡的话，那么他的妻子将会非常高兴。

　　　（b）如果约翰结婚了，那么他的妻子将会很高兴。

　　　（c）约翰有一位妻子。

（11a）和（11b）这两个条件句中，逻辑联结词"如果…那么…"就表现出滤词的特征。（11a）的预设是（11c），而（11b）的预设却不是（11c）。

卡图南通过深入研究，总结出了包含"如果…那么…""并且""或者"这三个逻辑联结词的复合表达式的过滤条件。如下：

（ⅰ）条件句：令 S 是一个形如"如果 A，那么 B"的语句，这一类语句的预设投射规则是：①如果 A 预设 C，则 S 预设 C；②如果 B 预设 C，则 S 预设 C，除非存在一个假定的事实集 X（可以为空集）使得

X 与 A 的并语义衍推 C。①（其中 X 不能语义衍推非 A，也不能语义衍推 C。）

（ⅱ）合取句：令 S 是一个形如"A 并且 B"的语句，这类语句的预设投射规则是：除非 B 预设 C 且 A 蕴涵 C，否则 A 和 B 的预设都是 S 的预设。

（ⅲ）析取句：令 S 是一个形如"A 或者 B"的语句，这类语句的预设投射规则是：除非 B 预设 C 并且 A 的否定命题同时蕴涵 C，否则 A 和 B 的预设都是 S 的预设。

卡图南将能够触发预设的谓语动词进行了分类，在此基础上谈投射问题，使得 PHF 模式得到许多语言学家的拥护。然而，后来滤词情况出现反例，使得这一理论遭受批评。也有学者认为卡图南的理论不考虑语境因素，只是从词本身的语义出发讨论预设，不能很好地解释投射问题。这些学者主张用语用学的思想来分析预设的投射问题，不仅考虑语篇的交际场合、背景知识；还要考虑会话隐含、语境等因素，盖士达的潜在预设说就是其中的代表。

（二）潜在预设说

鉴于卡图南 PHF 解释模式的缺陷，英国语言学家盖士达（Gerald Gazdar）提出了更为系统的解释，称作潜在预设说。潜在预设说是盖士达在《语用学：蕴涵、预设与逻辑形式》（*Pragmatics*：*Implicature*，*Presupposition*，*and Logical Form*，1979）一书中提出的②，它也是一种比较有影响的预设投射理论。盖士达所谓的潜在预设（potential presupposition）是指一个句子所具有的潜在的、可能的预设，它是将一个语

---

① L. Karttunan，"Presuppositions of Compound Sentence"，*Linguistic Inquiry*，Vol. 4，No. 2，1973，p. 184.

② G. Gazdar，*Pragmatics*：*Implicature*，*Presupposition*，*and Logical Form*，New York：Academic Press，1979，p. 124.

句进行语义分析而得到的预设。作为这个理论的核心概念，潜在预设通俗来说，是指在现实层面上还没有实现的预设；盖士达的这一理论充分考虑语境因素的影响，根据与特定语境是否一致的原则，从这些潜在预设中选取适合于该语境的预设，使之升格为实际预设（actual presupposition）。也就是说，如果潜在预设与特定的语境不矛盾，那它就显现出来成为实际预设；如果它与特定的语境矛盾，那么它就被取消。由此可见，潜在预设扮演的是一个技术上的角色，它作用于向语句分派实际预设的过程之中。①

为了使潜在预设理论更为严密、精确，盖士达对其进行了技术上的说明。他首先界定语境这一概念，认为语境是由交际双方所共同享有的一系列命题组成的，表示为命题集合；这一命题集合中的命题必须相容，也即不矛盾。随着交际双方话语行为的进行，语境中的命题也是不断添加的。假定说话者在说语句 A 时，已有的语境是命题集合 C_1，那么新的语境 C_n 就是在 C_1 的基础上加上说话者对 A 的知识 K_A 构成的集合，即 $C_n = C_1 \cup \{[K_A]\}$。如何来使得新添加的集合 $\{[K_A]\}$ 与原来的语境集合一致呢？盖士达有如下重要定义：

$$X \cup \,! \, Y = X \cup \{y : y \in Y \cdot (Z \subseteq X \cup Y) [con(\{y\} \cup Z)] \leftrightarrow conZ\}$$

他认为，这个公式是潜在预设理论中最重要的定义。② 其中，$X \cup \,!\,$ Y 表示集合 Y 对集合 X 的可满足的添加，con 是 consistent 的缩写，conZ 表示集合 Z 是一致的。这个公式表明只有与原来语境一致的元素才可以最终并入 X。之所以引入这个定义，是为了判定简单句的预设能否投射成为复合表达式的预设：把子句的潜在预设添加到已有的语境中，淘汰那些不一致的潜在预设后，剩下的预设都可以投射成为复合表达式的预

① G. Gazdar, *Pragmatics*：*Implicature*，*Presupposition*，*and Logical Form*，New York：Academic Press，1979，p. 126.

② G. Gazdar, *Pragmatics*：*Implicature*，*Presupposition*，*and Logical Form*，New York：Academic Press，1979，p. 131.

设，成为实际预设。举例来说：

（12）（a）詹姆斯不后悔打了他老婆，因为他没有打她。

（b）詹姆斯打了他老婆。

这个例子中，（12b）是（12a）中第一个子句的潜在预设，但它与第二个子句的语境不一致，因此（12a）并不预设（12b）。

总体来说，盖士达的理论符合我们理性思维探讨问题的模式，人类的语言交际都是在一定的环境中进行的，对于语境的考虑的确很有说服力。但是，在之后研究者找出这种理论无法解释的情形后，这一理论顿时失去了它炫目的光彩。比如：

（13）（a）如果王老师以为李老师戒烟了，那他是不知道李老师从来不抽烟。

（b）李老师曾经抽烟。

（c）李老师从来不抽烟。

例（13）中，条件句（13a）的第一个子句潜在预设是（13b），第二个子句潜在预设是（13c）。当把这两个潜在预设放入已有的语境集合中时，由于二者是矛盾的会引发不一致，因此（13b）和（13c）都不能上升成为实际预设。然而，语感却告诉我们，"李老师从来不抽烟"是（13a）这一条件句的实际预设。

（三）心理空间说

心理空间（mental space）理论是福克尼尔（Fauconnier）提出的一种认知语言学理论。在心理空间理论提出之前，学者们已经对预设投射问题进行了大量的研究。然而，令人遗憾的是，往往在理论上看着言之凿凿的分析，却时常遭到实际语言中"反常例子"的嘲弄。因此，福克尼尔转向认知角度分析，在专著《心理空间：自然语言意义的构建》（*Mental Spaces*：*Aspects of Meaning Construction in Natural Lan-*

guage，1994)① 中提出了心理空间理论。

心理空间并不是语言形式结构本身和语义结构本身的一部分，而是我们在思考和谈话过程中为了局部理解和行动而构建的虚拟的临时性容器，它用于储存语言结构中相关的信息。福克尼尔将触发构建心理空间的语言因素称为空间构造语词（space-builder），这些语词包括时间地点状语（如"在普希金的小说里""当他小时候"）、副词（如的确、可能）、连接词（如"如果…那么…""虽然…但是…"），某些动词（如希望、相信）等。心理空间之间可以通过各种映射产生关联，语言、认知结构以及概念链的一个重要性质是可通达性，这一性质是说，一个表达式描述或指称一心理空间的某一元素，这个表达式就可以通达另一心理空间中该元素的对应物。用公式表述：如果元素 a 和 b 之间有关系 b = F（a），那么 b 就可以通过描述、命名或手指等同于它的对应物 a。

心理空间理论不仅能很好地解释语言项之间的语义关系，也可以用来解释预设投射问题。福克尼尔认为，预设在语言合成过程中处于流动状态，在各空间漂浮或移动，遇到来自某个空间语义项的阻力时便无法顺利漂浮，这时就会产生预设消失现象。② 通过实例来理解这一理论：

（14）（a）警察局长可能逮捕了三个人。

（b）警察局长逮捕了三个人。

例（14）中，空间构造词"可能"构造出心理空间 M，这一心理空间又包含在现实空间 R 中，预设 P（即"警察局长逮捕了三个人"）属于心理空间 M。当说话人说出（14a）这句话时，预设的投射情况可能有三种情境：

情境一：说话人知道警察局长其人，也知道他抓了三个人，于是说了（14a）。这时预设在心理空间中被满足，在现实空间中也得到满足；

---

① G. Fauconnier, *Mental Spaces：Aspects of Meaning Construction in Natural Language*，Cambridge：Cambridge University Press，1994.

② 夏年喜：《三值逻辑背景下的预设投射问题研究》，《哲学动态》2012 年第 12 期。

因此，预设可以升格为整句的预设。

情境二：说话人对大街上的这一警察局长一无所知，他却对听话者说出了（14a）。此时由于说话人对预设中所涉及的对象无从了解，所以预设只在心理空间得到满足，在现实空间没有得到满足。这时预设不能被整句所继承。

情境三：听话者不知道说话人是否了解预设中所说的警察局长，说话人有可能知道"警察局长逮捕了三个人"这一预设是事实，也可能对此一无所知。这时，听话者可以选择预设被继承的方法解读（14a），也可以选择预设不被继承的方法解读。

以上几个情境表明，心理空间理论着重考虑的是听话者的立场，情境一和情境二都相当于"听话者知道说话人……"因此我们说，福克尼尔的理论在判断简单句的预设能否投射到整个复合表达式时，起决定性作用的并不是说话者，而是听话者。依照福克尼尔的思想，假设有三个不同的听话者，这三个听话者在听到一个说话者说出的语句时，预设的继承对他们来说是完全不同的，这样的看法显然与已有的预设语义定义、语用定义相冲突。

认知是客观世界和语言形式之间的中间层，福克尼尔提出的心理空间理论从认知角度分析语言形式与客观世界之间的关系，毋庸置疑，他的积极探索为我们提供了一种新颖的解决思路，哲学作为人类思想火花碰撞的活动亦需要不断创新。然而，心理空间说对投射问题的这种解决思路不能令学者们满意。

三　多值逻辑解释方案

多值逻辑在语言学中的一个重要运用是处理预设。在研究复合表达式的预设时，学者经常用多值逻辑来解释复合命题的预设投射问题，试图从多值逻辑中寻求技术上的支持。赞成多值逻辑的学者在分析预设时将预设视为语义学的概念。我们熟悉的语义预设的定义即：φ 预设 ψ，当且仅当 φ 真时 ψ 为真，φ 假时 ψ 也为真。换句话说，如果一个句子的预设不为真，那么这个句子既非真也非假，此时我们可以说这个句子没有真值，或者说它取某个不确定的值（用符号 "#" 表示）。1939 年博奇瓦尔（Bochvar）在继卢卡西维茨之后给出了三值逻辑的真值表[1]，在他的真值表下，只要复合命题的一个支命题真值为#，整个表达式的真值就为#。根据他的真值表以及他对预设的表格处理，支命题的预设全部升格为复合命题的预设，后者只是前者的简单累加，这与投射理论中的累积假设是相对应的。然而，有些赞成多值逻辑的学者，认为复合表达式的预设并非是由简单句的预设直接累加的。预设在复合表达式的整体预设中被取消，这种情况使得预设投射问题变得更加有趣。这里选取了几种有代表性的多值逻辑思想，尝试阐述这些多值逻辑对预设投射问题的探讨，以期为投射问题提供技术上的支持。

（一）三值逻辑系统

经典命题逻辑和经典谓词逻辑系统中，公式总是以真或假为最后的真值，因此我们说经典逻辑是二值的。在二值逻辑中，表示排中律的公式 φ∨¬φ 有效。从古希腊的亚里士多德开始，人们关于排中律的讨论就与有关未来或然事件命题，以及有关决定论的哲学问题密切相关。"明天将会发生海战"这句话陈述了在将来可能会发生的一件或然事件：海战可能会发生，但是也可能不会发生；这句话就今天而言是非真亦非假的。因为如果句子已经为真，那么海战必然已经发生；而如果它为假，则海战将必然不会发生。无论哪种结果都不适合于海战的或然性。对陈述未来或然事件的命题来说，如果在当下接受了真或假，意味

---

① L. T. F. Gamut, *Logic*, *Language and Meaning*, Chicago：The University of Chicago Press, 1991, pp. 174 – 188.

着对决定论和宿命论的接受。这个论证的有效性存在争议，它的形式可表示如下：

（1）φ→必然 φ

（2）¬φ→不可能 φ（也即¬φ→必然¬φ）

（3）φ∨¬φ

（4）必然 φ∨必然¬φ

为了避免（4）的决定论结论，亚里士多德否定了（3）的排中律。但是，现在人们更倾向于认为前提（1）和（2）有误，而非（3）存在问题。从 φ 为真无法推出必然 φ，其否定形式也同样不适用。

波兰逻辑学家卢卡西维茨（Lukasiewicz）首先提出了三值逻辑体系，对亚里士多德海战证明推演的二值原则进行驳斥。他在"论三值逻辑"（"On Three-Valued Logic"，1920）一文中谈道：

> 我可以无矛盾地假定：我在明年的某个时刻，例如在 12 月 21 日中午，出现在华沙，这在现在的时刻是不能肯定或否定地解决的。因此，我在所说的时间将在华沙，这是可能的但不是必然的。根据这个预先假定，"我在明年 12 月 21 日中午出现在华沙"这句话在现时既不是真的，也不是假的。因为如果它现时是真的，那么我未来在华沙的出现就一定是必然的，而这也与预先的假定矛盾；如果它现时是假的，那么我未来在华沙的出现就一定是不可能的，而这也与预先的假定矛盾。因此，所考虑的这句话在现时既不真也不假，必有与 0 和 1 不同的第三个值。①

卢卡西维茨将这个"与 0 和 1 不同的第三个值"称为"可能的"，

---

① ［德］威廉·涅尔、玛莎·涅尔：《逻辑学的发展》，张家龙、洪汉鼎译，商务印书馆 1995 年版，第 709 页。

用"1/2"来标记。为了与其他三值逻辑系统的符号一致，本书中用
"#"表示"可能的"或"不确定"，替换卢卡西维茨系统中的"1/2"
这一标记。根据卢卡西维茨的论述，我们可以画出他的三值逻辑的真值
表，如下：

（15）a：

φ	¬φ
1	0
#	#
0	1

b：

φ∧ψ			
ψ / φ	1	#	0
1	1	#	0
#	#	#	0
0	0	0	0

c：

φ∨ψ			
ψ / φ	1	#	0
1	1	1	1
#	1	#	#
0	1	#	0

d：

φ→ψ			
ψ / φ	1	#	0
1	1	#	0
#	1	1	#
0	1	1	1

卢卡西维茨三值逻辑的真值表与学者们通常所见的真值表有所差

异，但这并不妨碍我们的理解。通常所用的真值表与这种记法之间可以相互表达，比如以下表格（16a）用卢卡西维茨的记法表示了合取的二值真值表，（16b）用通常的真值表方法表示了三值合取。若需要知道联结词如何被解释时，就要用到（16）中这样的表格。如果仅仅想要从复合公式中命题字母的真值计算复合公式的真值时，就需要忠实于真值表的初始记法。

（16）a：

	$\phi \wedge \psi$	
ψ〆φ	1	0
1	1	0
0	0	0

b：

φ	ψ	$\phi \wedge \psi$
1	1	1
1	#	#
1	0	0
#	1	#
#	#	#
#	0	0
0	1	0
0	#	0
0	0	0

　　根据（15）中否定的真值表，若¬φ的真值没有确定，那么φ的真值总是不确定的。由析取式的真值表可以发现排中律不成立。而从（17）则可以看出$\phi \vee \neg\phi$始终不取值为0，但也不总是取值为1。如果φ以#为真值，则¬φ也以#为真值。

（17）

φ	¬φ	φ∨¬φ
1	0	1
#	#	#
0	1	1

这个真值表与合取式的真值表类似，合取式真值表使得不矛盾律¬（φ∧¬φ）不成立。但是同一律却是成立的：φ→φ有效，因为根据（18）它的真值始终为1。

（18）

φ	φ→φ
1	1
#	1
0	1

由以上分析，还可以看出（15）中关于蕴涵运算的真值表中，如果φ以#为真值，则φ→φ并非以#、而是以1为其真值。与之相应的情况是，∨和∧可以由¬相互定义，而∨和→或∧和→不可相互定义。原因是，如果φ和ψ都以#为真值，那么φ∨ψ以及φ∧ψ的真值也都为#，而在这种情况下φ→ψ的真值却为1。

逻辑学家克林尼（Kleene）针对这一情况专门提出了一个不同于卢卡西维茨的三值逻辑系统①，他的思想体现在表格（19）中。尽管克林尼的系统仅在蕴涵联结词方面与卢卡西维茨的三值系统有所不同，但由于下文论述的需要，我们仍在（19）表格中完整地列举出他的系统。

---

①　L. T. F. Gamut, *Logic, Language and Meaning*, Chicago：The University of Chicago Press, 1991, p. 176.

（19） a：

φ	¬φ
1	0
#	#
0	1

b：

	φ∧ψ		
ψ φ	1	#	0
1	1	#	0
#	#	#	0
0	0	0	0

c：

	φ∨ψ		
ψ φ	1	#	0
1	1	1	1
#	1	#	#
0	1	#	0

d：

	φ→ψ		
ψ φ	1	#	0
1	1	#	0
#	1	#	#
0	1	1	1

　　根据克林尼（19d）中对蕴涵式作出的解释，可以得出 φ→φ 不再是一个有效的公式。另外，∨和→以及∧和→由¬在该系统中可相互定义。克林尼将第三个真值解释为"不定的"（indefinite），而非"未定义的"（undefined）。① 即使一个复合公式的一个或更多组成部分没有真值，这个复合公式的真值依然可以得到确定或者说得到定义。这就是我们通常所说的复合公式中某组成部分的真值足够决定整个公式的真值。比如，φ→ψ在其前件为假时始终为真，而不论它的后件真值如何。因此，如果 φ 的真值为 0，那么不论ψ的真值是否为#，φ→ψ的真值都为 1。

　　将第三个真值解释为"未定义的"会导致人们不想看到的结果，其中之一便是 φ 的真值未被定义时，φ∨¬φ 的真值也是未被定义的。得出这样的结果是不令人满意的，原因在于即便 φ 的真值未被定义，我们依然清楚地知道它的真值取决于¬φ 的真值。人们不知道 φ 的真值，但如果知道¬φ 的真值为 1，那么就知道 φ 的真值为 0，反之亦然。因此，有人可能会说，即使他们不知道 φ 的真值为何，却知道 φ∨¬φ 的真值为 1。

　　如果将第三个真值解释为"无意义"（meaningless or nonsense），就会产生另一种类型的三值逻辑，博奇瓦尔是这种三值逻辑思想的代表人物，他给出的三值逻辑真值表如下②：

（20）a：

φ	¬φ
1	0
#	#

---

　　① L. T. F. Gamut, *Logic, Language and Meaning*, Chicago：The University of Chicago Press, 1991, p. 176.

　　② L. T. F. Gamut, *Logic, Language and Meaning*, Chicago：The University of Chicago Press, 1991, p. 177.

φ	¬φ
0	1

b:

φ ∧ ψ			
ψ＼φ	1	#	0
1	1	#	0
#	#	#	#
0	0	#	0

c:

φ ∨ ψ			
ψ＼φ	1	#	0
1	1	1	1
#	1	#	#
0	1	#	0

d:

φ→ψ			
ψ＼φ	1	#	0
1	1	#	0
#	#	#	#
0	1	#	1

（20）中第三个真值的支配地位显示：只要复合公式的任一组成部分的真值为#，那么这个复合公式就以#为真值。如果一个句子的任一部分无意义，那么整个句子就是无意义的。联结词的这种解释常常被称为弱解释。对以传统真、假为值的子公式所构成的公式，卢卡西维茨、克林尼和博奇瓦尔的系统均赋予它们与经典逻辑一样的真值。博奇瓦尔的

系统与其他二人系统之间的区别在于，如果一个公式在他的系统中具有传统的真值，那么这个公式的所有子公式都必须以传统真值为值。而在卢卡西维茨和克林尼的系统中，即便子公式不以传统的真值为值，由子公式构成的整个公式仍然可以获得传统的真值。

在现代逻辑发展过程中，还有出于各种目的和各种应用而被构造出来的三值逻辑或多个真值的逻辑系统。具有超过两个真值的逻辑系统被称为多值逻辑系统或多值逻辑。这里所谈到的逻辑系统不是经典逻辑的扩充，而是经典逻辑的偏离，或者称为经典逻辑的变异，它用于修正现有公式的解释力的不足。

（二）　三值逻辑对投射问题的解释

三值逻辑在语言学领域中一个备受争议的运用就是对预设问题的处理。由于预设的语义性质能够在三值逻辑中很好地体现，因此通过三值逻辑的视角探讨预设的投射问题自然就成为众多逻辑学家推崇的方法。

前文已经介绍了弗雷格、罗素和斯特劳森的预设思想，并通过他们的经典例子进行了详细说明。现在回顾罗素摹状词理论说明预设问题时使用的实例：

（5）The king of France is bald.（法国国王是秃子。）

（21）The queen of the Netherlands is riding a bicycle.（荷兰女王正在骑自行车。）

罗素将法国国王和荷兰女王的存在处理成句子所描述的状态中的一种，按照罗素的处理方法，形如（5）这样的句子就是假的。1950年，斯特劳森在《论所指》一文中对罗素的处理方法进行了批驳。斯特劳森认为，罗素的理论曲解了摹状词的用途。法国国王的存在并不是在说出（5）时所表明的某样东西，而是由（5）所假定的东西，是一个预设。如果法国国王不存在，句子（5）也不为假，因为不存在能够判断其真假的命题。

关于预设概念究竟归属于语义学的范畴还是语用学的范畴始终存在争议。如果说预设是语义概念，那么预设的假就会影响到句子的真值。如果说预设属于语用学的研究领域，那么预设就需要通过语言的恰当使用方式得到适当的描述。比如说，如果说话者想要正确地说出一句话，就必须相信这句话的所有预设。赞成多值逻辑的学者在分析预设时，将预设视为语义学的概念。斯特劳森的思想正好可以在这里体现：如果一个句子的预设不为真，那么这个句子既非真也非假，而是有第三个真值。这一观点产生了下述对预设的定义：

定义 1

ψ 是 ϕ 的一个预设，当且仅当，对所有的赋值 V 而言：若 V（ψ）$\neq$ 1，则 V（ϕ）$\neq$1 且 V（ϕ）$\neq$0。[①]

在三值逻辑中，这意味着：如果 V（ϕ）$\neq$1 且 V（ϕ）$\neq$0，那么 V（ϕ）= #。因此，上述定义等价于下面的一般形式：

（22）ψ 是 ϕ 的一个预设，当且仅当，对所有的赋值 V 而言：若 V（ψ）$\neq$1，则 V（ϕ）= #。

到目前为止，几个三值逻辑系统中关于否定的论述都是一样的，也即在所有的情况下，V（ϕ）= # 当且仅当 V（$\neg\phi$）= #。与（22）结合在一起理解，就得到（23）：

（23）如果 ψ 是 $\neg\phi$ 的预设，那么 ψ 也是 ϕ 的预设。

这一特征被称为预设的性质。本章前述部分所提到的（5）和（21），以及它们各自的否定（24）和（25），也都预设了法国国王和荷兰女王的存在：

（24）The king of France is not bald.（法国国王不是秃子。）

（25）The queen of the Netherlands is not riding a bicycle.（荷兰女王没有正在骑自行车。）

---

① 即预设为假时，这个语句既不为真，也不为假。

语义学家将预设在否定中同样成立这个事实作为分析的起点，同时也将预设的这一性质作为支持多值逻辑的一个证据。根据以上分析，我们可以进行如下推理：（21）和它的否定（25）为真都能蕴涵（26）为真：

（26）There is a queen of the Netherlands.（荷兰有一位女王。）

这里需要注意的是，（21）和（26）之间的蕴涵关系以及（25）和（26）之间的蕴涵关系都不是二值逻辑中的逻辑推理，因为在任一这样的逻辑系统中，重言式是唯一能够同时被一个公式及其否定蕴涵的公式。如下，ϕ 和 $\neg\phi$ 都"蕴涵"公式 ψ 意味着：

（27）对所有的赋值 V 而言：若 V（ϕ）=1，则 V（ψ）=1；且若 V（$\neg\phi$）=1，那么 V（ψ）=1。

（27）又等价于：

（28）对所有的赋值 V 而言：若 V（ϕ）=1 或 V（$\neg\phi$）=1，那么 V（ψ）=1。

而（28）的前件"V（ϕ）=1 或 V（$\neg\phi$）=1"在二值逻辑中始终为真，因此（28）又可以推导出下述结果：

对所有的赋值 V 而言：V（ψ）=1。

也就是说，ψ 是重言式。这也就意味着，如果接受预设的定义和性质，就要接受所有的预设都为真，这是我们都不愿意看到的结果。要想解决这个问题，可以尝试放弃二值原则，即放弃"对任意句子 ϕ 而言，V（ϕ）=1 或 V（$\neg\phi$）=1"。在三值逻辑中，有关"否定"这一联结词的真值表已经给出，（28）等价于以上的预设定义1，三值逻辑的思想有助于我们对预设进行语义处理。

前文已经介绍了卢卡西维茨、克林尼和博奇瓦尔的三值逻辑系统，我们关心的是哪个系统更适宜来分析预设问题，这一问题与复合表达式的预设如何取决于其组成部分的预设相关。不同的多值逻辑系统所拥有的联结词有不同的真值表，因此会对预设投射问题有不同的解答。

如果选择博奇瓦尔的三值逻辑系统，其中只要一个复合语句的任意组成部分取真值#，则该复合语句就取真值#，那么预设就是累积的（cumulative）。一个复合表达式的预设就是其所有组成部分的预设之和。如果任一组成部分的任一预设得不到满足，那么整个复合表达式的预设就会无效。由（20）中联结词的真值表和定义1可直接得知，如果任一组成部分的某个预设不以1为真值的话，那么整个公式就以#为真值。

此时我们添加一个新的算子 P 到命题逻辑的语言中，Pφ 表示 φ 的预设。根据预设的语义解释可以定义预设算子如下：

（29）a：

φ	Pφ
1	1
#	0
0	1

b：

φ	Pφ	¬φ	P（¬φ）
1	1	0	1
#	0	#	0
0	1	1	1

公式 Pφ 等价于使 φ 的预设得以满足的那些充分必要条件。如果 φ 的所有预设都被满足，那么公式 Pφ 的真值为1，否则真值为0。Pφ 自身没有预设，因为它始终不以#为真值。PPφ 为重言式。Pφ 的逻辑后承就是 φ 的预设。通过构建真值表可以发现下述等价式：

①Pφ 和 P¬φ 是等价的。

②P（φ∨ψ），P（φ∧ψ），P（φ→ψ）等价于 Pφ∧Pψ。

这里①仅仅是对（23）给出的预设的性质进行了重新形式化，即是对 φ 和 ¬φ 具有相同预设这一性质的再形式化。②表明如果预设是累积的，那么合取式和析取式的预设可以分别写作其合取支与析取支的预设的合取，而蕴涵式的预设则可以写作其前件和后件的预设的合取。因为在博奇瓦尔的系统中，#在这三个联结词的真值表中出现的位置是相同的。复合公式的任意一个子公式以#为真值时，复合公式本身就以#为真值，从（20）的真值表中可以清晰看出这一点。

通过博奇瓦尔的三值逻辑系统，我们得到了预设的累积概念。然而，深入分析后学者发现预设并非总是累积的，有些预设在复合公式的构成中被取消（canceled），这种情况使得预设投射问题变得更加复杂。（30）—（32）清楚地表明了复合公式的预设与其子公式的预设之间的关系，子公式的预设并非累积地投射到复合公式的总预设中。

（30）If there is a king of France, then the king of France is bald. （如果法国有一位国王，那么这位法国国王是秃子。）

（31）Either there is no king of France or the king of France is bald. （或者法国没有国王，或者法国国王是秃子。）

（32）There is a king of France and the king of France is bald. （法国有一位国王，并且这位法国国王是秃子。）

（33）There is a king of France. （法国有一位国王。）

（5）The king of France is bald. （法国国王是秃子。）

通过分析可以看到，（5）是（30）、（31）、（32）的一部分，（33）是（5）的预设，但并非（30）—（32）的预设。若（33）为假，则（30）和（31）为真，而（32）为假。如果我们选择克林尼的三值逻辑系统，而非博奇瓦尔的系统，就可以得到合理的解释。（30）这一命题用形式化表示出来，即 $p \to q$，其中 p 是 q 的预设。在克林尼的系统中，使得 p 不是 $p \to q$ 的预设的解释如下：

设 p 的值为 0，则 q 的值为#，因为 p 是它的预设，预设值为 0 时，公式取值#。根据克林尼蕴涵联结词的真值表，由于前件的值为 0，整个蕴涵式仍以 1 为其真值。因此，按照定义 1，p 不是 $p \to q$ 的预设。因为即使 p 在该例中不以 1 为真值，$p \to q$ 也不以#为真值。

（31）句也存在类似的情况，在¬p∨q的形式中，p是q的一个预设。如果p以0为真值（其中q以#为真值），那么按照克林尼的真值表对析取联结词的定义，¬p∨q仍以1为真值。语句（32）可以形式化为p∧q，仍然以p为q的预设，如果p以0为真值，尽管q的值为#，整个合取式仍以0为真值。

因此，克林尼的三值逻辑系统解释了为什么公式（5）的预设（33）在被组合形成复合句（30）—（32）的时候会被取消。像博奇瓦尔的系统一样，克林尼的系统中φ的预设也可以表示为Pφ。由于否定联结词在两个系统中定义一样，①的等值依然保持有效。但是由于其他的联结词有所差异，②中的等价就不再有效了。取而代之，我们有（34）—（36）这些较为复杂的等价式：

（34）P（φ∨ψ）等价于（（φ∧Pφ）∨Pψ）∧（（ψ∧Pψ）∨Pφ）

（35）P（φ∧ψ）等价于（（¬φ∧Pφ）∨Pψ）∧（（¬ψ∧Pψ）∨Pφ）

（36）P（φ→ψ）等价于（（¬φ∧Pφ）∨Pψ）∧（（ψ∧Pψ）∨Pφ）

为了更好地阐述这三个等价式，我们引入第二个算子A，它的解释如下：

（37）

φ	Aφ
1	1
#	0
0	0

这里Aφ与φ∧Pφ等价，（34）—（36）等于（34*）—（36*）：

（34*）P（φ∨ψ）等价于（Aφ∨Pψ）∧（Aψ∨Pφ）

（35＊）P（φ∧ψ）等价于（A¬φ∨Pψ）∧（A¬ψ∨Pφ）

（36＊）P（φ→ψ）等价于（A¬φ∨Pψ）∧（Aψ∨Pφ）

关于（34）—（36）这三个等价式的另一种写法避免了 A 算子的使用，具体表述为：

（34'）P（φ∨ψ）等价于（φ∨Pψ）∧（ψ∨Pφ）∧（Pφ∨Pψ）

（35'）P（φ∧ψ）等价于（¬φ∨Pψ）∧（¬ψ∨Pφ）∧（Pφ∨Pψ）

（36'）P（φ→ψ）等价于（¬φ∨Pψ）∧（ψ∨Pφ）∧（Pφ∨Pψ）

P 算子可以用来澄清克林尼系统中预设的取消现象。如果（33）"There is a king of France" 是（5）"The king of France is bald" 的唯一预设并且将（5）记作 q，（33）记作 Pq，那么（30）—（32）就可以表示如下：

（30'）Pq→q

（31'）¬Pq∨q

（32'）Pq∧q

（30'）—（32'）自身没有预设，或者更准确地说，它们仅以重言式为预设。可以看出，q 的预设 Pq 在（30'）—（32'）的形式中被取消了。公式 P（Pq→q）、P（¬Pq∨q）、P（Pq∧q）均为重言式，始终以 1 为真值。这可以解释为什么（33）不是（30）—（32）的预设。

以上阐述的等价式有着多方面的意义。一方面，它们提供了新颖的解决思路，用于解决像克林尼那样的三值逻辑系统中的预设投射问题。比如，（34）直接表明（φ∨ψ）的预设在下述三种情况下都可以得到满足：（ⅰ）两个支命题 φ 和 ψ 的预设都得到满足；（ⅱ）φ 的预设得不到满足，但 ψ 为真；（ⅲ）ψ 的预设得不到满足，但 φ 为真。由于（ⅱ）和（ⅲ）这两种情况使得这种预设的概念比预设的累积假设说要弱一些。它们对应克林尼的∨联结词真值表中为 1 而在博奇瓦尔系统中为#

的两个位置。另一方面，等价表述的第二个有意思之处在于，它们与之前关于预设的归纳定义有共同之处。这些定义递归地定义了一个公式 ϕ^{PT}，该公式等于 ϕ 的预设集。归纳定义首先给出了原子公式的预设，还给出递归的规则：① $(\neg\phi)^{PT} = \phi^{PT}$；② $(\phi\vee\psi)^{PT} = ((\phi\wedge\phi^{PT})\vee\psi^{PT})\wedge((\psi\wedge\psi^{PT})\vee\phi^{PT})$；其余的联结词可以类似地推导出来。从字面上看，一个公式的预设很容易表示成集合，用集合的方法表述预设是为了在这样一个集合中构造出所有公式的合取。这种递归定义曾经被认为是比三值逻辑语义学更加有力、恰当的表述方案。

尽管博奇瓦尔、克林尼的三值逻辑系统可以有效地解释预设投射问题的一些方面，但仍旧有一些问题存在，在后面的章节中将会适度讨论。除了三值逻辑对预设投射问题有论述外，其他一些多值逻辑系统（比如四值逻辑）也对预设的语义概念进行了分析，丰富和发展了预设投射理论。

（三）四值逻辑及复合命题的预设

下面我们尝试介绍四值逻辑系统，并讨论四值逻辑对复合命题预设的解释。由前文的论述可以看出，克林尼的系统可以很容易地生成具有任意真值 n（n≥2）的逻辑系统。对这样的系统有一个简便的真值记法，即以 $n-1$ 作为分母，以 0，1，…，$n-1$ 作为分子。上文中提到的三值系统（n=3）因此具有真值 0/2，1/2，2/2，或 0，1/2，1。在克林尼的系统中，第三个真值可以用 1/2 来替代#。具有 4 个真值的逻辑系统（n=4）的真值分别为 0/3，1/3，2/3，3/3 或者 0，1/3，2/3，1。克林尼系统中具有 n 个真值的复合公式的真值定义如下：

定义2

$V(\neg\phi) = 1 - V(\phi)$

$V(\phi\wedge\psi) = V(\phi)$ 若 $V(\phi) \leqslant V(\psi)$，否则

$\qquad\qquad = V(\psi)$

$$V（\phi \vee \psi）= V（\phi）\text{ 若 } V（\phi）\geqslant V（\psi），否则$$
$$= V（\psi）$$

$$V（\phi \to \psi）= 1 - V（\phi）\text{ 若 } 1 - V（\phi）\geqslant V（\psi），否则$$
$$= V（\psi）$$

因此，合取式的真值以最小的那个合取支的值为自身的真值，析取式的真值则以最大的析取支的值为自身的真值。蕴涵式 $\phi \to \psi$ 的真值与析取式 $\neg \phi \vee \psi$ 的真值一样。对于三值逻辑系统，真值表和（19）中的真值表一样，除了需要用 1/2 替换#，其他不需要作出改变。若 n = 2，则回归到经典命题逻辑。四值的克林尼系统真值表如下[1]：

（38）a：

ϕ	$\neg \phi$
1	0
$\frac{2}{3}$	$\frac{1}{3}$
$\frac{1}{3}$	$\frac{2}{3}$
0	1

b：

	$\phi \wedge \psi$			
ψ ⟍ ϕ	0	$\frac{2}{3}$	$\frac{1}{3}$	0
1	1	$\frac{2}{3}$	$\frac{1}{3}$	0
$\frac{2}{3}$	$\frac{2}{3}$	$\frac{2}{3}$	$\frac{1}{3}$	0
$\frac{1}{3}$	$\frac{1}{3}$	$\frac{1}{3}$	$\frac{1}{3}$	0
0	0	0	0	0

---

[1]　L. T. F. Gamut, *Logic*, *Language and Meaning*，Chicago：The University of Chicago Press，1991，p. 184.

c：

φ \ ψ	1	$\frac{2}{3}$	$\frac{1}{3}$	0
φ∨ψ				
1	1	1	1	1
$\frac{2}{3}$	1	$\frac{2}{3}$	$\frac{2}{3}$	$\frac{2}{3}$
$\frac{1}{3}$	1	$\frac{2}{3}$	$\frac{1}{3}$	$\frac{1}{3}$
0	1	$\frac{2}{3}$	$\frac{1}{3}$	0

d：

φ \ ψ	1	$\frac{2}{3}$	$\frac{1}{3}$	0
φ→ψ				
1	1	$\frac{2}{3}$	$\frac{1}{3}$	0
$\frac{2}{3}$	1	$\frac{2}{3}$	$\frac{1}{3}$	$\frac{1}{3}$
$\frac{1}{3}$	1	$\frac{2}{3}$	$\frac{2}{3}$	$\frac{2}{3}$
0	1	1	1	1

　　类似地，克林尼系统可以得到无穷多的真值。比如说，以 0 和 1 之间的所有分数为真值。上述多于三值的系统都是通过三值系统生成的。还有一些多于三值的系统是通过系统之间"相乘"得到的，这些系统被称作积系统（product systems）。在由两个系统 S_1 和 S_2 构成的积系统中，公式被赋予真值 $\langle v_1, v_2 \rangle$，其中 v_1 由 S_1 导出，v_2 由 S_2 导出。若我们想从两个不同且独立的方面对公式进行赋值，并把这个赋值组合表述出来，就可以使用积系统。例如，我们可以将经典的二值系统与其自身相乘，就会得到一个由 $\langle 1, 1 \rangle$，$\langle 1, 0 \rangle$，$\langle 0, 1 \rangle$，$\langle 0, 0 \rangle$ 为真值的四值逻辑系统。为了在积系统中对公式的真值进行计算，首先必须分

别计算积系统中两个系统的真值。第一个系统的真值作为有序对的第一
个元素，第二个系统的真值则为有序对的第二个元素。① 四值逻辑中联
结词的真值表情况如下②：

（39）a：

ϕ	¬ϕ
11	00
10	01
01	10
00	11

b：

ϕ∧ψ				
ψ ϕ	11	10	01	00
11	11	10	01	00
10	10	10	00	00
01	01	00	01	00
00	00	00	00	00

c：

ϕ∨ψ				
ψ ϕ	11	10	01	00
11	11	11	11	11
10	11	10	11	10
01	11	11	01	01
00	11	10	01	00

---

① 这里，第一个值反映命题的真值，第二个值反映命题所包含的预设的值。
② 为了表述方便，我们用 11 表示〈1，1〉，其他的情况依次类推。

d：

Φ ＼ Ψ	Φ→Ψ			
	11	10	01	00
11	11	10	01	00
10	11	11	01	01
01	11	10	11	10
00	11	11	11	11

具有不同种类和数量真值的系统相互之间能够简单地相乘。如果一个系统有 m 个真值而另一个系统有 n 个真值，那么积系统的真值数为 m×n。对这些概念有了清晰的认识之后，我们就可以借用它来分析预设问题。四值的克林尼系统可以用于分析预设的语义概念，它的优势在于能够把一个命题的真值与它的预设被满足情况区分开来。命题的四个真值与四种预设满足情况如下：

真且预设被满足

真且预设未被满足

假且预设被满足

假且预设未被满足

此刻，我们不说 "The king of France is bald（法国国王是秃子）" 既不真也不假，而说该命题为假，且它的预设也为假。我们也不说这个命题的否定既不真也不假，而说它的否定为真，且它的预设为假。此时，这个命题的四个真值方便记作 11、10、01、00[①]。尽管记法相同，但这里并没有处理积系统，从真值表（40）清晰可见。以新的真值重新构造四值的克林尼系统的真值表，用 11 替换 1，10 替换 2/3，00 替

_____

① 11 表示命题真且命题的预设得到满足，10 表示命题真且预设未被满足，01 表示命题假且预设得到满足，00 表示命题假且预设失败。

换 1/3，01 替换 0，就可以得到真值表（40）：

（40）a：

φ	¬φ
11	01
10	00
00	10
01	11

b：

	φ∧ψ			
ψ φ	11	10	00	01
11	11	10	00	01
10	10	10	00	01
00	00	00	00	01
01	01	01	01	01

c：

	φ∨ψ			
ψ φ	11	10	00	01
11	11	11	11	11
10	11	10	10	10
00	11	10	00	00
01	11	10	00	01

d：

	φ→ψ			
ψ φ	11	10	00	01
11	11	10	00	01
10	11	10	00	00
00	11	10	10	10
01	11	11	11	11

在这个新的四值逻辑系统中，有关预设的定义 1 仍然成立（以 11 替换 1，01 替换 0）。从表（40）中可以看出，真值序对的第一个元素指称待研究的句子的真值，真值序对中第二个元素，也即我们所称的预设真值。新系统中，复合命题的真值独立于预设的值，完全是由构成它的支命题的真值决定，与序对的第二个值无关。然而，一个命题的预设的真值在一定程度上取决于该命题的真值。之所以这样说，是因为有明显的实例可以说明。比如，若 V（φ）= 11 且 V（ψ）= 10，则 V（φ ∨ ψ）= 11。而若 V（φ）= 01 且 V（ψ）= 10，则 V（φ∨ψ）= 10。φ 和 ψ 的预设的真值在这两个例子中相同：φ 的为 1，而 ψ 的为 0。但作为一个整体的析取式，预设真值却有所不同。原因在于，一个析取支的预设为真还不足以保证整个析取式的预设为真。如果析取式仅有一个析取支为真，那么该析取支的预设必须为真才能使得整个析取式的预设为真。这是四值的克林尼系统与积系统之间的差异所在，积系统中两个系统之间相互独立。而正是四值克林尼系统中预设真值对命题真值的依赖这一特点，决定了克林尼系统分析预设投射问题的成功度。

前文中我们引入了 P 算子和 A 算子对复合命题的预设情况进行了说明，在重新构造的四值克林尼系统中，依然可以对 P 算子和 A 算子进行定义：

（41）

φ	Aφ	Pφ
11	11	11
10	01	01
00	01	01
01	01	11

前面（34）—（36）以及（34*）—（36*）、（34'）—（36'）给出的等价式仍然成立。正如在三值逻辑系统中一样，如果 φ 取最大

值，则 Aφ 取最大值。否则，Aφ 取最小值。如果 φ 的所有预设都被满足，则 Pφ 取最大值。也就是说，仅在 φ 的预设真值为 1 时，Pφ 取最大值；而在其他情况下取最小值。

前文中提到在新的四值逻辑系统中，复合命题的真值完全由它的支命题的真值决定，独立于预设的真值。我们在此引入另一个新的算子——T 算子。T 算子只考虑命题的真值，将 T 算子的真值取值与 P 算子进行对比，如下：

（42）

φ	Pφ	Tφ
11	11	11
10	01	11
00	01	01
01	11	01

从表中可以看出，Pφ 的第一个值就是 φ 的第二个值，因为 φ 的第二个值就是其预设的值。而 Pφ 的第二个值全为 1，这是因为无论预设能否得到满足，也即无论预设的值是 0 还是 1，预设的预设都为真，也即预设的预设值都为 1。同时还可以看到，Tφ 的第一个值是 φ 的第一个值，第二个值永远为 1。在经典逻辑和三值逻辑中，Tφ 的值和 φ 的值是一样的，因此，可以用 φ 替换 Tφ，但在四值逻辑中它们的值显然是不同的。

有了（42）这一表格，我们可以推理出以下的等价式：

（34''）P（φ∨ψ）等价于（Tφ∨Pψ）∧（Tψ∨Pφ）∧（Pφ∨Pψ）

（35''）P（φ∧ψ）等价于（T¬φ∨Pψ）∧（T¬ψ∨Pφ）∧（Pφ∨Pψ）

（36''）P（φ→ψ）等价于（T¬φ∨Pψ）∧（Tψ∨Pφ）∧（Pφ

∨Pψ)

这些等价式又可以与（43）中的等价式进行比较：

（43）a：T（φ∨ψ）等价于Tφ∨Tψ

b：T（φ∧ψ）等价于Tφ∧Tψ

c：T（φ→ψ）等价于Tφ→Tψ

d：T¬φ等价于¬Tφ

不难看出，（34''）—（36''）这三个等价式与前面提到的（34'）—（36'）基本上是相同的。这说明，克林尼的四值逻辑系统在对预设投射问题的分析上是与他的三值逻辑系统所得结果是相同的，但四值逻辑相比三值逻辑的优势在于，四值逻辑可以将复合命题的真值与复合命题的预设满足情况区分开来。

（四）多值逻辑分析投射问题的局限性

三值克林尼系统和四值克林尼系统能够对句子组合过程中预设的取消现象给出较为满意的解释，然而，仍然有其他一些问题存在。第一个问题在形如（44）和（45）的句子中体现：

（44）The king of France is not bald, since there is no king of France.（法国国王不是秃子，因为法国没有国王。）

（45）There is no king of France, thus the king of France is not bald.（法国没有国王，因此法国国王不是秃子。）

如果（44）为真，那么（46）和（47）都为真（同样也适用于（45））：

（46）The king of France is not bald.（法国国王不是秃子。）

（47）There is no king of France.（法国没有国王。）

问题是，（46）和（47）不得同时为真。因为（47）是（46）的某个预设的否定。这里我们需要的是即使法国国王不存在，（46）也依旧为真。对于罗素的摹状词理论来说，这不会构成任何问题，因为在罗素的理论中，（46）是有歧义的，前文中我们已经对此有过论述。多值逻辑中也能够找到类似的解决办法。为了区分（46）"The king of France is not bald" 的两种解读，我们引入一个新类型的否定：~。该否定可以定义如下：

φ	~φ
1	0
#	1
0	1

根据~的真值表，如果 p 是 q 的一个预设，若 p 不为真，则 ~q 为真。否定 ~ 被称为内否定（internal negation），而 ¬ 被称为外否定（external negation）。将（46）中的否定解读为外否定的情况下，（46）和（47）可同时为真，同时，（44）和（45）也可同时为真。

值得注意的是，A 算子和否定 ~ 都可以通过 ¬ 相互定义：~φ 等价于 ¬Aφ。同时，Aφ 等价于 ¬~φ。引入像 P、A 和 ~ 这样的算子，并通过添加新的逻辑常项对经典命题逻辑进行了扩充。然而，这些算子的引入仅仅在我们采取多值逻辑解释时它们才有意义。

像（44）和（45）这样类型的句子，它们存在的问题可以通过区分两种不同的否定而得到解决。看起来似乎有些特别，因为我们目前尚且没有一个系统的方法来判断一个否定到底应给予内否定的解读还是给予外否定的解读。除了这个问题之外，（44）和（45）还存在更加严肃的问题。比如：

（48）If baldness is hereditary, then the king of France is bald.（如果秃头是遗传的，那么法国国王就是秃子。）

直觉上我们都能够理解（48）的一个预设是（49）①：

（49）There is a king of France. （法国有一位国王。）

根据预设的定义1，能够保证使（49）为假而（48）为真的赋值不存在。但考虑（50）：

（50）Baldness is hereditary. （秃头是遗传的。）

即使（50）是（48）的前件，如果法国没有国王，它也可以为假。因为，（49）和（50）在逻辑上是相互独立的。因此，令 V 是任意使得（49）和（50）均为假的赋值，那么 V 保证了（48）为真，因为它使得其前件（50）为假。V 使得（49）为假而使得（48）为真，与上面所述的"（49）是（48）的一个预设"相悖。

概括地说，有些蕴涵式前件的预设逻辑上独立于后件的预设，这些蕴涵式在某些情况下会消去本该存在的预设。其他的逻辑联结词也存在类似的复杂情况。如何解决这些存在的问题，学者们进行了很多尝试：一种观点认为，应该为联结词寻找一种更好的多值定义。博奇瓦尔的系统对于像（48）这样的句子就处理得很好，但它处理（30）—（32）这样的句子就会有自身的一些问题。迄今为止，学者们还没有发现能够兼顾（30）—（32）以及（48）的令人满意的系统，究竟能否找到这样一个系统还是令人忧虑的。另一种观点，是对预设的定义1进行修正。这个方法已经被学者尝试过若干次，然而得出的结果总是不尽如人意。第三种观点，满足了三值和四值的克林尼系统以及定义1，但舍弃了（48）的"存在一位法国国王"作为语义预设的观点。我们给出任一个断言（48）及其否定的语用预设是：说话者必须相信法国有一位国王。这就意味着需要引入语用预设作为语义预设的补充。

---

① （49）即本章之前提到的（33）。

四 方案回顾与展望

预设研究无疑是语言学和逻辑哲学领域最精彩的篇章之一。预设投射问题的探讨触及了人类语言表达和理性思维的核心地带。不同学者对这一问题探讨的角度不同，得到的答案可能是不同的。兰根道和塞尔文开启了预设投射问题研究的先河，他们提出解决投射问题的累积假设理论，这一理论在应用过程中遇到反例，众多学者开始关注并投入这项研究中。

卡图南从预设的触发语着手，探讨哪些触发语能让预设投射到整句，哪些触发语的投射过程不能实现。他将能够触发预设的谓语动词进行了分类，使得 PHF 模式得到许多学者的拥护；然而令人担忧的是，这种解决投射问题的途径建立在对词库中语词完全掌握的情况下。自然语言丰富多彩、纷繁复杂，要想完全掌握自然语言的词库是一件非常浩大的工程。因此，从这一角度来说卡图南的理论缺乏一定的可操作性。盖士达提出潜在预设的概念，充分考虑语境因素的影响，根据与特定语境是否一致的原则，从子句的潜在预设中淘汰那些不一致的预设，选取适合于该语境的预设，使之升格为复合表达式的预设。总体来说，盖士达的理论符合我们理性思维探讨问题的模式，人类的语言交际都是在一定的环境中进行的，对于语境的考虑的确很有说服力。但是，在之后研究者遇到这种理论无法解释的情形后，这一理论顿时失去了它炫目的光彩。福克尼尔独辟蹊径，在充分考虑人类认知能力的情况下，从认知科学角度尝试解决预设投射问题。他提出心理空间理论，在判断简单句的预设能否被复合表达式所继承时，着重考虑的是听话者的心理背景。学者们虽赞赏他的独具匠心，但认为他对投射问题所做的探讨不能令人信服。心理空间理论虽然勾勒出自然语言意义的生成和理解的过程，然而人类的心理如何进行工作我们依然不清楚，因此用心理空间去解释投射问题不能被广泛接受。由于预设的投射问题是预设研究中逻辑味道最浓的一个问题，所以逻辑学家尝试利用多值逻辑给出技术上的解释。博奇瓦尔和克林尼给出三值逻辑和四值逻辑的系统，画出了几类复合命题的真值表，用复合命题确切真值的刻画来刻画复合命题的预设。经过分析发现，博奇瓦尔和克林尼的思路实际上混淆了复合命题的预设与复合命题在何种情况下有确切真值这两种情况，这种解释方式解决的其实不是预设的投射问题。当我们描述复合命题有确切真值的各种情形时，只是描述了在哪些情况下复合命题的预设是得到满足的，在这种描述中我们无从知晓复合命题的预设到底是什么，更无从知晓复合命题的预设与支命题预设之间的关系究竟怎样。① 因而，严格说来，多值逻辑并未给预设投射问题一个很好的理论支持。

以上分析可以看出，关于投射问题学界还没有形成普遍的共识。种种投射理论没有一种理论能够解释所有的预设现象，自然语言和预设本身的复杂性要求对投射问题在不同层次上运用不同的理论加以解释分析。这些理论都具有一定的解释力，总体来看，PHF 模式、潜在预设说和心理空间说具有一定的可操作性，虽都有不完美之处，但都是在解决投射问题，更为接近问题的答案。而目前持多值逻辑看法的学者对预设投射问题的处理，似乎有些偏离主题。

由于学者们对预设投射问题的解释方案没有达成共识，而这一问题却实实在在存在于我们的日常交往中，要想探讨预设，永远回避不了投射问题，这就激发研究者去深入思考和研究。自然语言具有表达和交际功能，交际是语言的生命力所在，语言是交际的工具和载体。对于预设投射问题的研究也不能忽视"自然语言"特性的研究。

---

① L. T. F. Gamut, *Logic*, *Language and Meaning*, Chicago：The University of Chicago Press, 1991, pp. 174 – 188.

第三章　克里普克预设回指思想探赜

　　预设理论是逻辑学界和语言学界学者们关心的重要课题，学界数十年关于投射问题的争论，引起了逻辑学家克里普克（S. Kripke）的关注和重视。克里普克在《哲学困扰》（*Philosophical Troubles*，2011）这本文集①中收录了十三篇有关逻辑哲学方向有争议话题的文章，其中第十二章"Presupposition and Anaphora：Remarks on the Formulation of the Projection Problem"专门探讨预设投射问题。他在这篇文章中指出，预设投射问题的众多解决方案都忽略了一个本应该被考虑在内的"回指照应要素"（anaphoric element），一旦我们把这个要素考虑进来，对该问题的表述就会发生重大的变化。他认为，某些词类如副词、动词等能够触发预设，这些词在体现预设信息时，就像代词在语篇中向前回指寻找它的先行语一样，因而这种回指照应的思想可以应用到预设的研究中。

一　克里普克关于投射问题的分析②

　　从"你停止打你老婆了吗？"这一经典的实例开始，人们熟悉了预

---

　　①　S. Kripke, *Philosophical Troubles*：*Collected Papers*, Oxford：Oxford University Press, 2011.

　　②　本节内容部分已发表，有改动。参见陈晶晶《克里普克预设思想初探》，《自然辩证法研究》2021 年第 3 期。

设的直观概念。虽然最开始讨论时人们可能说不出预设到底是什么，然而在交往活动或者认知活动中人们能够很快辨认出对方话语中是否含有预设信息。克里普克受语言学家索姆斯（Scott Soames）《说话者预设的投射问题》[①]和《预设如何被继承：有关投射问题的一个解决方案》[②]这两篇文章的影响，对预设理论和预设投射问题产生很大的兴趣。这个问题简单来说，即：如果我们有一个逻辑上的复合语句，它的子句拥有某些预设，我们如何计算出整个复合语句的预设？克里普克在《预设和回指照应：有关投射问题构想的评论》[③]这篇文章中阐述了有关这一问题的看法，他的讨论极具语言学色彩，令人耳目一新。

　　克里普克回顾了以往逻辑学家和语言学家对预设问题的讨论，首先列举了学界普遍认同的预设种类，这些预设种类最初是在索姆斯的文章[④]中给出的。如下：

　　（1）比尔后悔对他父母说了谎。　　　　　　　　　　　（叙实动词）

　　　　　P：比尔对他父母说谎了。

　　（2）伊凡已经停止打他老婆了。　　　　　　　　　　　（体动词）

　　　　　P：伊凡曾经打他老婆。

　　（3）安迪今天再次会见了巴勒斯坦解放组织。　　　　　（迭代词）

　　　　　P：安迪以前会见过巴勒斯坦解放组织。

　　（4）我们正是八月离开的康涅狄格州。　　　　　　　　（强调句）

　　　　　P：我们离开了康涅狄格州。

---

① S. Soames, "A Projection Problem for Speaker Presuppositions", *Linguistic Inquiry*, Vol. 10, No. 4, 1979, pp. 623 – 666.

② S. Soames, "How Presuppositions Are Inherited: A Solution to the Projection Problem", *Linguistic Inquiry*, Vol. 13, No. 3, 1982, pp. 483 – 545.

③ S. Kripke, "Presupposition and Anaphora: Remarks on the Formulation of the Projection Problem", in S. Kripke, *Philosophical Troubles: Collected Papers*, Oxford: Oxford University Press, 2011, pp. 351 – 372.

④ S. Soames, "How Presuppositions Are Inherited: A Solution to the Projection Problem", *Linguistic Inquiry*, Vol. 13, No. 3, 1982, p. 488.

（5）约翰损坏的是他的打字机。　　　　　　　　　　（准强调句①）

　　　P：约翰损坏了某些东西。

（6）比利也是有罪的。　　　　　　　　　　　　　　（副词"也"②）

　　　P：比利之外的某个人是有罪的。

（7）约翰所有的孩子们都睡着了。　　　　　　　　　（某些量词）

　　　P：约翰有孩子。

（8）法国国王躲藏了起来。　　　　　　　　　　　　（指称词）

　　　P：法国有一位国王。

　　从克里普克列举的预设实例中我们可以一眼发现，例子（8）是弗雷格的经典实例。弗雷格是第一个介绍预设概念的逻辑学家，他用列举实例的方式描述了预设。弗雷格认为，当存在一个真值间隙时，预设失败。对他来说，预设失败来源于指称的问题。当然，预设失败可能也会有其他原因。斯特劳森也因为在哲学文献中重新引入预设这一概念而著名，他的思想更进一步，除了赞同弗雷格的理论外，更重要的是他认为当预设失败时，那就什么陈述也没有作出。③

　　除了弗雷格和斯特劳森的预设概念外，斯塔尔内克也引入了一个会话中众多参与者的预设或者一个说话者的预设的思想。简要说来，即除非在会话过程中参与者知道预设成立这一背景假设下，才能在会话中作出预设。否则我们不能说一个含有预设的话语。斯塔尔内克意识到，在某些情况下这种规则会遭到违反。也就是说，即使没有一个在先的背景

---

　　① 准强调句（Pseudocleft），又称准分裂句或者假拟分裂句。它是一种与 it 强调句相近的强调句，用于强调原来句子的某个成分，使其成为信息的焦点。英文中的表达更能体现准强调句的特性，比如（5）这个例子英文表达即：What John destroyed was his typewriter. 预设是 John destroyed something.

　　② 克里普克的文章聚焦在包含 too（也）这一副词的语句上，他重点分析了 too 体现预设信息的回指照应方式。在克里普克原文中，一直将 too 用斜体标注，以示重视。

　　③ 伊万斯（Evans）认为，弗雷格后期手稿中曾有过类似斯特劳森这样的预设想法，然而这种想法并未在弗雷格 1982 年的《论涵义和指称》中表述。详见 Evans, Gareth, *The Varieties of Reference*, Oxford：Clarendon Press, 1982, p. 12.

假设，人们依然可以在会话中引入一个预设，不必明确地陈述引入的预设。例如，你可以说你正要去看你的妹妹，这就因此引出了预设"你有一个妹妹"。① 有学者认为，在这种情况下，若会话参与者意识到现有的会话语境不能满足话语的预设要求时，通过给语境添加与预设规则协调的信息就可以了解说话者的意图。还有学者认为，只有说话者预设的信息被大家都认同时，说话者才能继续这个会话过程。②

预设另一个值得关注的特征是，它不像句子所断言的内容，当句子嵌套在否定之中或者作为条件句的前件时，它依然成立。关于投射问题最简单的解释方案是：预设是累积的。即如果子句中有一个预设，那么这个预设也是整个复合语句的一个预设。虽然这种思路类似于弗雷格的组合原则，但称预设累积的性质是根据弗雷格原则而得来，却是对弗雷格原则的误读。弗雷格的理论是说真值函项③拥有累加性质，但间接引语、命题态度词等没有这个性质。命题态度词和间接引语被卡图南和皮特斯称为塞词，含有这类词的语句不继承它们子句的预设。谈到真值函项的情况，罗素给出了一个条件句的实例，反驳弗雷格的预设理论。他指出，在一个条件句的情况下，若后件的预设已经在前件中被断定，那么参与者不需要假定预设是真的。④ 罗素的思想恰恰反映在卡图南和皮特斯给出的计算条件句"如果 A，那么 B"和合取式"A 并且 B"的预设的算法中。

---

① 斯塔尔内克将这种情况称为"accommodation"。学术界对 accommodation 的翻译有不同的说法，本书将"accommodation"翻译为"接纳"。

② 克里普克认为，斯塔尔内克的这个构想并不总是成立。他的问题是，一个法国君主论者可能会挑衅地对共和党人说："不管你们共和党人说什么，反正我上星期遇到了法国国王。"这里"存在一位法国国王"不是没有争议。关于这种情况，可能会引发许多争论，克里普克对此没有深入阐述。

③ 卡图南和皮特斯（1979）愿意接受真值函项作为英语中"并且，或者，非，如果…那么…"的形式化。到目前关心的讨论为止，在这个问题上没有太多疑虑。

④ 罗素的例子是这样的：《暴风雨》（The Tempest）中的国王可能会说："如果斐迪南没有被淹死，斐迪南就是我唯一的儿子。"但是，如果斐迪南事实上已经被淹死了，上述陈述仍是真的。详细讨论参见 B. Russell，"On Denoting"，*Mind*，Vol. 14，No. 56，1905，p. 484。

(9)（Ap &（Aa ⊃ Bp））

在这个记法中，Sa 代表一个句子 S 所断定的内容，Sp 代表 S 预设的内容。由此，根据卡图南的理论，条件句和合取句假定 A 的预设和 A 所断定的内容都是真的，那么 B 所预设的内容才是真的。如果前件所断定的内容，加上一定的背景假设，蕴涵 Bp 的话，那么任何假定或预设 Bp 的必要性将消失或者被过滤掉。这些思想在前文中已经阐述过，克里普克认为，卡图南这种计算条件句和合取句预设的方法并不是一个完美的理论。事实上，这种方法在分析投射问题过程中也会出现反例。索姆斯就曾经在文章中讨论过反例的情况，并对卡图南析取式算法进行了修改，感兴趣的学者可以参考索姆斯的文章。总之，给单独的子句委派预设，当遇到复合语句时计算整个复合表达式的预设，这一思想是极其自然的。从弗雷格提出预设概念起，到今天学者们激烈争论预设投射问题，这一发展过程虽然曲折，然而带给人们的思考和探索精神是无价的。在分析过程中，值得大家关注的一点是：如果子句之间存在明显的代词回指照应或者代词共指现象，那么子句的预设将会参考这个而被解释。更重要的是，如果量词与预设互动，那么复合表达式的预设情况将会变得更加复杂。

克里普克文章的论点是，他认为，以往的预设投射问题的解释方案都忽略了预设项自身所体现的回指照应因素①，未将这一要素充分考虑进来，因而提出的各种解决方案都未能理想地解决投射问题。回顾学界以往的研究，当人们很自然地思考预设问题时，回指照应因素的确未能引起大家的关注。或许将这一要素充分考虑进来，整个投射问题的构想将会发生实质性的飞跃。克里普克在文章中思考了预设与回指照应理论的关系，从语言学角度阐述了"too（也）""again（再次）""stop（停

① S. Kripke, "Presupposition and Anaphora: Remarks on the Formulation of the Projection Problem", in S. Kripke, *Philosophical Troubles: Collected Papers*, Oxford: Oxford University Press, 2011, p. 355.

止）""other（其他）"等词在语句中所触发的预设情况，并讨论了这些词所在的复合表达式预设的投射问题。克里普克的思想为预设投射问题带来新的生机与活力，或许能从他这里找到解决投射问题的新突破口。在详细阐述他的思想之前，首先简要介绍语言学中回指照应是什么，为下文的深入研究作铺垫。

回指照应（anaphora）是自然语言常见的语言现象，指的是语篇中的一个语言单位（词或者短语）与上下文中出现的语言单位之间存在的特殊语义关联。在语言学中，用于指向的语言单位被称作回指词或照应语（anaphor）；回指词所指的语言单位（也即对象）称为先行语（antecedent）。回指照应对于衔接上下文、简化表述和意义连贯起着非常重要的作用。只有当回指词同先行语之间建立了联系，我们才能理解回指词所指的语义信息，才能更好地理解整个语句乃至语篇的信息。下面通过实例更好地理解这一理论：

（10）（a）If a farmer owns a donkey, then he beats it.（如果农夫有头驴子，他就打它。）

（b）Billy is guilty, too.（比利也是有罪的。）

（c）Hong Kong's first chief executive Tung Chee-hwa graduated from the University of Liverpool.（香港首任行政长官董建华毕业于英国利物浦大学。）

在语篇中，随时都可能遇到各种回指照应现象。比如，（10a）就是一个代词回指现象的实例，其中，"he"这一代词回指"a farmer"，"it"回指"a donkey"。后一句的"he"和"it"要去前一句寻找它们指代的个体，因而"he"和"it"称为回指词或照应语；而"a farmer"和"a donkey"被称为先行语。（10b）这一实例是一个特殊的回指照应语句，句子中的副词"too"回指了"Billy is guilty"之前的语句信息。一般来说，代词和名词的指代照应现象在日常语言中比较常见，同时在文献中被研究得也比较多。副词或者介词等的指代现象较少被研究，但这并不说明它们不重要。如果先行语和照应语都指向现实世界中的同一个个体，那么这两者拥有共指关系。（10c）就是共指现象的一个实例，"董建华"和"香港首任行政长官"之间就是共指，共指关系是等价关系，可以离开上下文的语境来理解。虽然共指和回指二者有很大的交集，但共指所具有的特性回指不一定具有，比如回指关系不一定具有等价性。随着自然语言信息处理以及语言学研究的逐步深入，指代照应现象在语篇分析中的作用日益凸显。

（一）副词"也""再次"触发的预设

前文曾经谈到预设触发语理论，当时介绍了卡图南的十三种触发语类型。除了这十三种触发语类型外，副词也是能够触发预设的重要词类。不论国内还是国外，已经有很多学者就预设触发语问题进行了大量研究。克里普克注意到，副词在语篇中不仅能触发预设，而且这些副词在体现预设信息时，是以一种"回指照应"的方式来展现的，这一发现使得他格外欣喜。语言学家醉心于通过实例来阐述理论，或者通过实例来说明某个问题。克里普克在文章中继承了语言学家这一研究特色，通过大量实例来阐明他的观点。

克里普克第一个列举的是副词"也"（too）触发的预设①，如下：

（11）If Herb comes to the party, *the boss* will come, too. （如果赫布来参加聚会，那么老板也将会来参加。）

通常人们认为，"也"在后件中触发的预设是"某个不是老板的人会来参加聚会"。但克里普克看来，整个条件句的预设是"赫布不是老板"②。

---

① S. Kripke, "Presupposition and Anaphora: Remarks on the Formulation of the Projection Problem", in S. Kripke, *Philosophical Troubles: Collected Papers*, Oxford: Oxford University Press, 2011, p. 355.

② 克里普克在原文中讲的后件的预设是"赫布不是老板"，这里怀疑是他写作失误，我们暂且认为整个表达式的预设为"赫布不是老板"。

至于他为什么这样思考问题，或许能从卡图南的理论那里得到启发，克里普克想为他的理论寻找一个合理的语用解释。回顾卡图南提出的条件句预设的算法：

（9）（Ap &（Aa ⊃ Bp））

卡图南的算法如何解释这里的预设呢？按照卡图南的理论，（11）中后件的预设是"某个不是老板的人将来参加聚会"，整个条件句的预设是"如果赫布来参加聚会，某个不是老板的人将来参加聚会"。人们可以用格赖斯的理论尝试给这句话一个"会话隐含"解释，经过分析，人们会感受到，至少说话人认为赫布不是老板。这或许是整个条件句预设"赫布不是老板"的一个合理语用解释。然而，这种解释对于类似（12）这种情况不成立：

（12）If Herb and his wife both come to the party, *the boss* will come, too. （如果赫布和他的妻子都来参加聚会，那么老板也将会来参加聚会。）

按照通常的解释，"也"触发的预设是"某个不是老板的人将来参加聚会"。但克里普克的观点是，整个条件句预设"赫布和他的妻子都不是老板"。通常观点认为，整个条件句的预设是：

（13）如果赫布和他的妻子都来参加聚会，那么存在一个 x，x 不等同于老板，x 来参加聚会。

这个条件句十分常见，除了要确保赫布和他的妻子是两个人外，我们不需要额外的信息来解释它。然而，以上的语用解释对这个实例不适用。经过分析发现，没有一个理论会在指派（13）作为（12）的预设时，将"赫布和他的妻子都不是老板"作为整个条件句的预设。一般情况下，如果人们说"某某和某某某来了，并且他也来了"时，预设"他"是另外一个人。这种预设实际上取代了通常所说的存在预设，克里普克在之后的论述中会谈到这一问题。

一般来说，当人们说"也"在语句中引发预设时，往往这种体现预设信息的过程，就像代词 it 在语篇中体现它的先行语一样。"也"这种体现预设信息的行动，就像代词回指照应一样。体现的预设信息往往是语篇中的一些平行信息，这些信息或者处于其他子句中（即投射问题最有趣的情况）或者处于上下文中，克里普克将这种情况称为"透明语境"（active context）①。他指出，在某种形式的理论中，人们或许会将子句纳入特殊的语境中进行考虑，而克里普克不采取这种方式。当聚焦元素是一个单称词项时，它被预设是与平行子句中相应的其他元素或者与透明语境中其他信息非共指的。这里涉及的指代照应理论是一类特殊的回指照应理论，是一个与代词回指问题平行的理论。

　　下面的例子非常简单并引人关注：

　　（14）*Sam* is having dinner in New York tonight, too. （山姆今晚也在纽约吃晚餐。）

　　设想人们说出（14）时非常随意，并没有事先预设一个关心其他人在纽约吃晚餐的语境。通常的观点认为，（14）的预设是"某个不是山姆的人今晚正在纽约吃晚餐"。克里普克认为，这种观点是错误的。因为只有当一个句子的预设被满足时，它才是恰当的；通常的观点预示着（14）几乎在没有任何特殊语境下总是恰当的。尽管在一个给定的夜晚，可能确实有许多人正在纽约吃晚餐。然而，在克里普克看来，"也"在这句话中出现显得非常奇怪。听话人在听到这样一句话时或许会说："也？你说：'也'是什么意思？你心里想的是什么人？"

　　同样，下面的例子（15）也会出现这样的问题：

　　（15）Priscilla is eating supper, again. （普里西拉正再次吃晚饭。）

　　通常观点看来，这句话的预设是"普里西拉之前已经吃过晚饭"。如果对于一个成年的女性说这句话，那么（15）的表达应该算是恰当

---

　　① 与透明语境相对应的是晦暗语境（passive context），克里普克在下文中对这两种语境有详细论述。

的。然而，在没有任何的背景或者语境下，人们对这样一个表达都会产生疑问："你说'再次'是什么意思？也许她在一个小时之前也吃过晚饭？你是在暗示说她是一个吃货吗？或者是她在节食，本来应该不吃晚饭，但她最近打破了节食的计划，现在又一次地打破计划。这里到底是什么意思呢？"很显然，通常的观点是值得商榷的。

对待像（14）和（15）这样的例子，克里普克提出了两种语境之间的区分。① 他称在会话中明确提到的材料，以及在人们头脑中知道或者以某种方式凸显的材料，为积极语境或透明语境（active context）。透明语境可以包括一系列问题或主题以及断言。透明语境可能是一个复杂的实体类型，但它是能够恰当地使用"再次"和"也"的类型。与透明语境相对的是晦暗语境（passive context），它由一般背景知识构成，这个背景知识对说话者是可用的、可获得的，但这种背景知识或信息并不被看成是相关的或是说话者心里所想的。语篇中"也"和"再次"应该指涉平行的成分，也就是说，指涉与"普里西拉正吃晚饭""山姆在纽约吃晚餐""老板来参加聚会"平行的信息。这些平行的成分一定来自透明语境或者来自正在谈论的断言中的其他子句。它们不能仅仅来自晦暗语境：因为它们仅仅是众所周知的，这还不够。②

我们再看一个日常语言中非常奇怪的表达，如下：

（16）Tonight many other people are having dinner in NewYork, and *Sam* is having dinner there, too. （今晚许多其他的人正在纽约吃晚餐，并且山姆也在那里吃晚餐。）

听到这句话，我们不禁想问：为什么说话者要这样说呢？"也"在

---

① S. Kripke, "Presupposition and Anaphora: Remarks on the Formulation of the Projection Problem", in S. Kripke, *Philosophical Troubles: Collected Papers*, Oxford: Oxford University Press, 2011, p. 358.

② 注意，这不仅仅是我们是否知道不同特定的人在纽约吃晚餐或者普里西拉已经在不同的特定时间吃过晚饭的问题。我们或许也知道许多特定的人在纽约吃晚餐，或者在特定时间普里西拉已经吃过晚饭，但在这里它们都是不相关的。

这句话中好像用得不太恰当。然而，当这句话被用来回答一个忧心忡忡母亲的反问"山姆晚上真的要去纽约吗？那不是一个危险的地方吗？"时，"也"在这里的用法又是恰当的。① 将（16）这一复合语句中的"too"去掉，就得到了语句（17）：

（17）Like many others, Sam is having dinner in New York tonight.（像许多其他人一样，今晚山姆在纽约吃晚餐。）

除了那些信息状态比较贫乏的人们，对于那些见多识广、博闻强识的人们来说，（17）简单地传达了与（18）相同的信息，因为今晚许多人在纽约吃晚餐是众所周知的。

（18）Sam is having dinner in New York tonight.（山姆今晚在纽约吃晚餐。）

但是，一旦加入 too 之后再考虑语句的恰当性，（17）就不等同于（18）了。

（14）*Sam* is having dinner in New York tonight, too.（山姆今晚也在纽约吃晚餐。）

如果有人只说了（14），而此时又没有任何合适的背景知识，那么这个"也"的用法就是不恰当的，并且不应该以这种方式表达出来。以下（19）的表达是广为接受的：

（19）Like many others, *Sam* is having dinner in New York tonight, too.（像许多其他人一样，山姆今晚也在纽约吃晚餐。）

（19）的预设是"山姆"并不是这许多其他人中的一个。克里普克认为，并非不能说出像（14）这种表达的话语，只要（14）是在透明语境下被说出，那这样的表达就还是有意义的。有关透明语境的说明，本章前面部分已经做过详细的论述。在透明语境或者其他子句或者话语

---

① 虽然（16）是一个合取句，但克里普克同样可以给出两个独立的句子，并且得到透明语境"许多人正在纽约吃晚餐"这样的信息。在这些情况下，too 可以被视为体现回指照应。语篇中，明确提及，是把某种东西置入积极语境的一种特殊方式。

元素中，存在对平行信息的一个回指。如果这个信息已被语篇的前文明确提到或者说如果这个信息已经在人们的头脑中清晰呈现，那就可以说谈话进入了透明语境。

现在回归到最初讨论的赫布的实例中，通常的观点认为（11）中"也"触发的预设是"某个不是老板的人会来参加聚会"，而克里普克认为预设是"赫布不是老板"。这种争论其实可以看作：将预设归属于后件子句——也就是包含预设元素"也"的子句，还是归属于整个条件句的问题。如果仅仅将预设归属于后件子句，那么必须借助于卡图南的解释模式，去解释为什么我们直觉认为一些东西更强一些。克里普克主张，"也"触发的预设在整个条件句预设的投射过程中，要充分考虑前件的信息，才能对整个表达式作出合理的预测。看以下例子：

（20）if Nancy does not win the contest and the winner comes to our party, *Nancy* will come, too. （如果南茜没有赢得这场比赛，而获胜者来参加我们的聚会，那么南茜也将会来。）

根据卡图南的观点，"南茜没有赢得比赛"在上升为整个条件句的预设时会被"过滤"掉。克里普克此时赞同卡图南的想法，认为整个条件句不预设南茜没有赢得比赛，因为这个预设在前件中已经非常明确地被陈述了，它不需要被说出整个条件句的讲话者预先假定。因此，在没有提前预设南茜不会是赢家的情况下，（20）是可接受的；并且实际上与南茜很可能赢得比赛这一想法明确兼容。

为了更好地阐述他的思想，克里普克又列举了副词"再次"触发的预设情况，其实在之前例子（15）时，我们已经初步接触了"再次"的语句，下面通过例子（21）再次回顾：

（21）If Kasparov defeats Karpov in the game in Tokyo, probably he will defeat him again in the game in Berlin. （如果卡斯帕罗夫在东京的比赛中击败卡尔波夫，他很可能在柏林的比赛中再次击败卡尔波夫。）

依照人们通常的解释，"再次"触发的预设是"卡斯帕罗夫曾经击败过卡尔波夫",并且事实上这可能是大家都周知的事情。克里普克将这句话的预设理解为"柏林的比赛将在东京的比赛之后被举行"。他认为,考虑复合表达式预设时,应从表达式整体来看,尤其在复合表达式中存在并行信息时,如:

(22) If the game in Tokyo precedes the game in Berlin and Kasparov defeats Karpov in Tokyo, probably he will defeat him again in the game in Berlin. (如果东京的比赛先于柏林的比赛,并且卡斯帕罗夫在东京的比赛中击败了卡尔波夫,那么他很可能将在柏林的比赛中再次击败卡尔波夫。)

克里普克指出,虽然(22)这个条件句的后件中出现了能够触发预设的副词"再次",但整个条件句并不预设东京的比赛将先于柏林的比赛,因为这一信息已经在前件中被明确陈述了,并且在整个条件句的预设中被"过滤"掉了。

(二)状态变化动词"停止"触发的预设

前文讨论了副词"也""再次"引发的预设分析,我们从克里普克那里获得的重要教益是:"也""再次"这类副词在语篇中往往能够触发预设,它们体现预设信息的时候,就像代词体现它的先行语的功能一样,都表现为向前回指,寻找一个语义项;同时它们回指语篇中的一些平行信息。对于"也""再次"的分析,引发了克里普克探讨状态变化动词"停止"(stop)的兴趣。

有关"停止"触发预设的最经典例子莫过于"你停止打你老婆了吗?"这句话在西方语言学和逻辑学中被广泛研究,逻辑学中常常用它来说明复杂问语和预设;语言学中通常将其称为状态变化动词,这类动词预设"某物原处于某种状态"或者"某种行为或动作曾经发生过"。克里普克在其文章中援引"停止"的实例,是为了说明复合命题的预设问题,更重要的是,他将预设和回指照应联系起来,分析预设所体现的回指照应现象。看以下实例：

（23） If Sam watches the opera, he will stop watching it when the Red-skins game comes on. （如果山姆在看歌剧，那么当红人队的比赛开始时他将停止看歌剧。）

克里普克认为，隶属于"停止"的一个预设是红人队比赛在歌剧进行中开始，但并不是在歌剧刚开始时开始的。后件的传统预设是山姆看歌剧在先，这当然也是有效的，但是（23）中由于山姆看歌剧在先已经在前件中被明确陈述，因此它在上升为整个条件句的预设时被过滤掉了。事实上，后件的预设能够被过滤掉部分原因也是由于"红人队的比赛在歌剧开始之后开始"这一预设。虽然"停止"和"再次""也"在语句中都能触发预设，然而克里普克指出，它们触发预设的情况有着显著的差异。[①] 从以上的众多实例可以看出，"再次"和"也"对透明语境或其他子句中的平行信息有着强制性的回指照应，这种情况对于"停止"并不总是适用。比如：

（24） Jill has stopped smoking. （吉尔已经停止抽烟了。）

即使人们不特别关注吉尔抽烟的事情，只要她抽烟对于会话参与者来说是个众所周知的事实，那么（24）就是可以说的东西，这个假定不需要出现在透明语境或者其他子句中。因此，在这方面"停止"与"也""再次"形成了对比。如果人们突然听到有人说"吉尔已经停止抽烟了"，在这种出乎意料的情况下，人们通常对这句话的预设不会仅仅是吉尔过去抽烟这么简单，还将预设她抽烟直到最近。这里可能还会有其他情况，其中预设更弱一些；我们在此不再详细阐述。

有关"停止"触发预设的情况中值得我们关注的是，在某些情况下，会存在另一个子句或者透明语境中的一个元素给出一个时间或者日

---

① S. Kripke, "Presupposition and Anaphora: Remarks on the Formulation of the Projection Problem", in S. Kripke, *Philosophical Troubles: Collected Papers*, Oxford: Oxford University Press, 2011, p. 361.

期，对已有子句或者元素进行一个有意的回指照应，正如（23）中表述的那样。在这种情况下，预设是：停止发生在那个时间之后，或者在那个时间开始后一个连续的时段之后，或者在一段暂停之后；此时当停止开始后，包含回指照应元素的子句所涉及的事情才开始发生。

　　因此，在许多情况下，我们说"停止"触发的预设是一个时间或时间段。如果人们出其不意地说出（24），此时涉及的是简单的说话时间；而在诸如（23）这样的例子中，涉及的是被其他子句或者晦暗语境中的元素携带的信息。以往语言学研究中多数探讨像"你停止打你老婆了吗""王老师已经戒烟了"这样的语句所触发的预设信息，而克里普克从新的角度探讨预设和语篇中回指信息之间的关系，为投射问题的分析提供新的视角。

（三）　强调句触发的预设探讨

　　语句是人们对客观世界中的行为和状态进行认知后得出的语言表征。在语言交流过程中，人们为了突出某个行为目的或者达成某种语言效果，从而使用强调句这一语句类型。强调句作为一种非常规的语句类型，虽然在语言使用中没有其他语句类型使用频繁，然而它的作用却不容忽视。在英语中，最常见的强调句形式为"It is/was …who/that…"被强调的内容可以是人物、时间、状态等。强调句也是一种预设触发结构，它在语篇中不仅能够突出说话者的语义中心，还能触发某种预设：

　　（25）It was John who solved the projection problem.（正是约翰解决了投射问题。）

　　（25）这个语句是一个最简单的强调句，句中"约翰"是其强调的中心。这句话强调"解决投射问题的学者不是别人，正是约翰"，它在强调正是"约翰"解决投射问题的同时，还隐含了这样一个背景信息，即"有学者解决了投射问题"。假如没有学者解决投射问题，那人们说"正是约翰解决了投射问题"时就显得非常突兀，而且这句话在此时也会显得不恰当。因此，正是在这个意义上，克里普克说（25）这样的强调句对透明语境或者之前的子句有一个强制性的回指照应。

索姆斯在谈预设时也提到与克里普克类似的看法。[①] 索姆斯认为，如果没有"打字机被弄坏"的背景信息，人们突然说"正是玛丽弄坏了打字机"会显得不恰当。这句话预设"有人弄坏了打字机"，如果人们事先根本没有谈论任何有关打字机的事情，那"正是玛丽弄坏了打字机"这句话就使得谈话的主题先于评论这一借口决定了谁弄坏了打字机，这是非常奇怪的。

当然，也有学者为强调句辩驳，认为强调句是学术写作中一种广为熟知的修辞手段，人们利用强调句来说明问题并不会导致过多的问题。克里普克并不赞同这种观点，他认为使用强调句需要注意许多问题，尤其是在谈论预设问题时。事实上，有关预设问题的通常看法在强调句这里有时会得到可怕的结论，比如：

（26）If John Smith walked on the beach last night, then it was Betty Smith who walked on the beach last night. （如果约翰·史密斯昨晚在海滩散步，那么昨晚正是贝蒂·史密斯在海滩散步。）

（27）Someone walked on the beach last night. （昨晚有人在海滩散步。）

（28）If John Smith walked on the beach last night, then someone walked on the beach last night. （如果昨晚约翰·史密斯在海滩散步，那么昨晚有人在海滩散步。）

语句（26）中强调句触发的预设通常是（27），根据卡图南的过滤原则，整个条件句的预设是（28）。由于（28）是无可争辩的事实，因此说话者说出（26）这一语句看似合情合理。然而，事实并非如此，

---

① S. Soames, "Presupposition", in *Handbook of philosophical logic*, *Vol. 4*, ed. By Dov Gabby and Franz Guenthner, Dordrecht: Reidel, 1989, pp. 553 – 616.

任何一个语言思维正常的人都不会说出（26）这样奇怪的话语。再看另一相关的实例：

（29）a. If Sally opposed his tenure，it was Susan who opposed it. （如果莎莉反对他的任期，那么正是苏姗反对它。）

b. Sally opposed his tenure，and it was Susan who opposed it. （莎莉反对他的任期，并且正是苏姗反对它。）

（26）、（29a）和（29b）都是非常怪异的语句，虽然单独考虑这些语句的后件，可以得出一些预设，然而总体来看，说出这些语句有些不合情理。按照卡图南的过滤规则，对强调句所触发的预设采取一般的考虑，能够给出（29a）和（29b）以条件句"如果莎莉反对他的任期，那么有人反对它"为预设，这种结果是平凡真的，因而预设可以为大家所接受。但这并不能排除（29a）和（29b）这样表述的怪异。事实上，（29b）尤其会引起这样的反应："等一下！你说正是莎莉反对他的任期，为什么你又继续说这是苏姗反对呢？"或许此时有学者提出，可以用"真正的预设包含一个唯一性的条件"这一提议，来改善此刻面临的窘境。根据这个提议，（26）后件的真正预设是昨晚某个人独自在海滩散步，并且（29a—b）后件的预设就是存在唯一的个体反对他的任期。这似乎可以解释两个陈述的怪诞之处，解释之后（26）整个句子的预设将是：如果约翰·史密斯昨晚在海滩散步，那么昨晚某个人独自在海滩散步。这一预设表述直接与（26）后件的陈述矛盾。因此，这个提议并不能解决这里的问题，（29a—b）的情况类似。

鉴于以上分析，克里普克明确指出：一个强调句需要对透明语境或另一子句有一个明确的回指照应。此时，预设可以通过恰当的修辞手段被引入透明语境中。透明语境或其他子句确实蕴涵了某人有一些性质 P 或者某人做了某件事情。同时，透明语境或其他子句也一定提出了一些问题，比如"谁有这些性质？"或"谁做了这件事？"通常，强调句会给出答案，通过强调句的句法形式得出某某做了这个事情，这也是对

"谁做了这件事"相关问题的一个完整的回答。

克里普克还指出，以上给出的实例之所以看起来比较怪异，是因为列举的实例中涉及了不同的人——例如，约翰·史密斯、贝蒂·史密斯、莎莉和苏姗等。当我们用两种方式指称同一个人时，那么类似于以上实例的强调结构看起来将会是十分恰当的。比如：

（30）If Viscount Amberley is giving the lecture, it is Bertrand Russell who is giving the lecture. （如果安伯雷子爵正做演讲，那么正是伯特兰·罗素正在做演讲。）

（30）中，透明语境下的问题可能是"谁在做演讲?""安伯雷子爵是谁?"或者"我应该去听由安伯雷子爵所给出的这个演讲吗? 他是谁?"或许有人会回答说，"是的，你应该去听"，并且继续讨论（30）。① 同样，在恰当的语境中，我们还可以谈论以下语句：

（31）If the author of "On Denoting" is giving the lecture, it is Bertrand Russell who is giving the lecture. （如果《论指称》的作者正在做演讲，那么正是伯特兰·罗素在做演讲。）

（32）If Bertrand Russell is giving the lecture, it is the author of "On Denoting" who is giving the lecture. （如果伯特兰·罗素正在做演讲，那么正是《论指称》的作者正在做演讲。）

因此，恰当地使用强调结构在语篇中是极其重要的。克里普克的分析，使得我们认识到强调句对透明语境和其他子句的回指照应，这给语句的预设分析带来了有益的帮助。准强调句的情况与强调句类似，在此不一一详述。

---

① 罗素的父亲是安伯雷子爵，罗素本人最终继承了这个头衔（后来又继承了"罗素伯爵"这个头衔）。人们或许会想象（30）是在一个特定时间时被说出的，此时罗素已经继承安伯雷子爵的头衔，而没有继承另一个。事实上，伯特兰·罗素的父亲用"安伯雷"为姓氏，使用安伯雷子爵这个头衔。但是，我们不知道罗素在做演讲时，他自己当时的使用情况。因此，在这个意义上说，这个实例可能有某些虚构的成分。

（四）形容词"其他的"触发的预设情况

克里普克之前已经对副词 too 的预设以及 too 触发预设时体现的回指照应问题进行了详细研究，either 与 too 的行为相似，区别在于 either 用于否定的情况下。我们仍旧沿袭之前的传统，通过实例来说明：

（33）If Kasparov doesn't defeat Karpov in the next game, probably he won't defeat him *in the Berlin game*, either. （如果卡斯帕罗夫在接下来的比赛中没有击败卡尔波夫，或许他在柏林的比赛中也不会击败他了。）

（34）*Sam* is not having dinner in New York tonight, either. （山姆今晚也将不在纽约吃晚餐。）

（33）的预设是柏林的比赛不是下一场比赛。而（34）的预设不仅仅是"除了山姆之外的某个人今晚将不在纽约吃晚餐"，更恰当地说，应该是在透明语境中必须提到一些今晚将不在纽约吃晚餐的特殊的人、人群或一类人等。与（33）类似的一个实例如下：

（35）If Karpov checkmates Kasparov in the next game, probably the challenger will defeat the champion *in the Berlin game*, too. （如果卡尔波夫在接下来的比赛中打败卡斯帕罗夫，那么挑战者将很有可能在柏林的比赛中也战胜冠军。）

在这种情况下，聚焦的元素应该不同于并行的回指照应中对应的元素。因此，条件句的第一个预设是下一场比赛不是柏林的这场比赛。其次，还包括预设"卡斯帕罗夫是冠军，卡尔波夫是挑战者"。类似的情况也适用于"再次"，正如（36）阐释的那样：

（36）If Kasparov checkmates Karpov in the next game, probably the champion will defeat the challenger in the Berlin game, again. （如果卡斯帕罗夫在接下来的比赛中打败卡尔波夫，那么冠军将很有可能在柏林的比赛中再一次战胜挑战者。）

（36）的预设为"接下来的比赛将早于在柏林举行的比赛"，并且

"卡斯帕罗夫是冠军，卡尔波夫是挑战者"。（33）—（36）阐述的内容易于理解，克里普克在此又阐述了 too 触发预设的另一种情况：

（37）The Republicans supported the bill, and *Senator Blank* supported it, too. （共和党支持这个议案，并且布兰克参议员也支持它。）

（38）A few Republicans supported the bill, and *Senator Blank* supported it, too. （一些共和党人支持这个议案，并且布兰克参议员也支持它。）

通过分析（37）和（38）会发现，这里相关的预设并不是单称词项之间的不同，而是一个非党内人员的身份声明，即预设为：布兰克参议员不是一个共和党人。这种情况下，"too" 在语篇中触发了预设并且体现回指照应这一论点再次得到支持。我们接着来看 "other" 触发预设的情况：

（39）The chemists are coming to the party, and *Harry* will come, too. （化学家们将来参加聚会，而且哈里也将会来参加。）

（40）If some other chemists come to the party, *Harry* will come, too. （如果其他化学家来参加聚会，那么哈里也将会来参加。）

（41）If Harrry comes to the party, *some other chemists* will come, too （如果哈里来参加聚会，那么其他化学家也将会来参加。）

从这几个实例中可以看到，（39）的预设是 "哈里不是这些化学家中的一员"。而（40）的预设则恰好相反，它显然预设 "哈里是一位化学家"，并且此时的预设是由 "other" 触发的，而不是由 "too" 引发的。克里普克认为，以上提到的几种触发预设的副词、动词或强调句，没有一种比 other 触发的预设更能体现回指照应情况。就算将（40）这一语句的前后件的顺序颠倒，在（41）这种情况下我们依然能够得到同样的预设结论。① 同时，虽然语句中都包含能够触发预设的副词 too，

---

① 尽管此时回指照应的顺序颠倒了，但 other 触发的预设仍然是一样的。

但此时（40）和（41）中就算没有 too 这一元素它们依然是可以接受的。Other 是一个预设元素，这一点如此清晰，克里普克无法想象语言学文献中有关预设的材料竟然都未提到这一点。① 在考虑了 other 触发预设的一般情况后，我们再次来看两个 other 指涉透明语境或先前话语元素的情况：

（42）Smith will come. Some other chemists are coming, too. （史密斯先生将会来。其他一些化学家也将会来。）

（43）Smith will come. Harry doesn't like Smith. Nevertheless, if some other chemists come, Harry will come, too. （史密斯先生将会来。哈里不喜欢史密斯先生。但是，如果其他一些化学家会来的话，那么哈里也将会来。）

显然，（42）中 other 触发的预设为史密斯先生是一位化学家。（43）的情况更为复杂，其中 other 所触发的预设或者史密斯先生是一位化学家；或者哈里是一位化学家；又或者两位可能都是化学家，此时的预设为何取决于已知的背景信息。假定预设是这些情况中的第一种，那么，在这种情况下，（43）最后一句的预设即 other 触发的预设是，史密斯先生是一位化学家，而 too 携带的预设是哈里不是史密斯先生（或许此预设是空洞的，因为它已经被前面的语句所暗示），并且哈里不是前件假定的其他化学家中的一位。在这个例子中，哈里自己可能会是或者可能不会是一位化学家。克里普克认为，在语句（40）中，就算说出这句话时没有之前的语境信息，仍旧可以得出 other 回指的信息是指向哈里的，而不是其他任何人。

克里普克关于 other 的分析，在某种程度上说明了对预设的通常解

---

① 克里普克在文章中提到，至少到 1990 年为止，他已经读过的语言学文献中没有看到有关 other 触发预设情况的一个实例研究。他认为，other 触发预设与体现回指照应的分析非常重要。正是由于前人没有研究或者研究较少，因而克里普克在此所做的工作才显得更加有意义。

释有时并不是那么有说服力。看以下实例：

（44）If someone other than Harry volunteers, *Harry* will volunteer, too. （如果其他非哈里的人愿意义务服务，那么哈里也愿意义务服务。）

这句话中，too 触发的预设为哈里不是其他非哈里的人，毫无疑问它是逻辑上平凡真的。或许有学者认为，（44）中 too 携带的预设在整个条件句中被过滤掉了，因而（44）本身没有预设。但克里普克认为，（44）没有预设是因为 too 触发的预设被前件所蕴涵了，前件在这里即其他非哈里的人愿意义务服务。正是通过这一分析，克里普克抨击了通常人们对预设的解释。① 当然，现实生活中个人的言语方式、方言以及语境会使得 other 在某些情况下没有被明确说出来，但它在语篇中依然有着非常重要的作用。在学校学习时，我们被告知不能隐含地使用 other。例如，如果不打算包括我们自己的话，就不要说"我可以轻易打败屋里的任何人"。类似地，"在他的国家，哈里比身边任何化学家都要优秀"可能意味着他比任何其他化学家优秀。学校教育时极力主张表达要清晰，语言要规范，这种要求在今天看来也是非常必要的。

接下来克里普克谈到了 too 在语篇中对并行信息进行回指照应时需要注意的问题，他还是通过实例来阐述的：

（45）If the Nebraskans come to dinner, the Cornhuskers will stay for drinks, too. （如果内布拉斯加州人来吃晚餐，乡巴佬州人也留下来

---

① 克里普克谈到通常对预设的解释有可能缺乏说服力时，曾经援引过索姆斯（1982）的许多实例，并指出索姆斯分析中存在的问题：

（ⅰ）如果普里西拉之前已经吃过晚饭，那么她现在正再一次吃晚饭。（现在）

（ⅱ）普里西拉之前已经吃过晚饭，并且她现在正再一次吃晚饭。（现在）

（ⅲ）如果有人投票反对他的任期，那么正是苏姗投票反对他的任期。

在每一种情形下，前件都陈述了索姆斯（1982）的预设。由于预设被条件句或合取句过滤掉了，所以看起来前件必须陈述所需的全部预设。这种过滤的观点，在克里普克看来是不正确的。在任期这个例子中，前件提出的问题"如若如此，谁投票反对他的任期呢？"需要一个完整的答复。在吃晚饭这个例子中，对于一个正常的成年女性来说，前件或第一个合取支可能是明确的，也可能是不明确的；它给了 again 足够的语境去提供一个恰当的回指照应。

喝酒。）

（46）If the Poles defeat the Russians，（then）*the Hungarians* will defeat the Russians，too.（如果波兰人打败了俄国人，那么匈牙利人也将打败俄国人。）

通过这两个实例看出，一般词项和动词都能够被当作聚焦元素和恒等元素而引入话语中。（45）句中来吃晚餐和留下来喝酒相对应，Cornhuskers 是内布拉斯加州居民的绰号，the Nebraskans 和 the Cornhuskers 是同义词。语句（46）是索姆斯文献中的一个例子①，其中俄国人是重复的，根据克里普克的观点，这句话预设波兰人和匈牙利人是不同的群体。

下面这些例句更加重要：

（47）The people from the Midwest are coming to dinner，and the Nebraskans will stay for drinks，too.（来自中西部的人将要来吃晚餐，并且内布拉斯加州人也将留下来喝酒。）

（48）All of John's friends are from Nebraska，and Bill's friends are all from the Midwest，too.（约翰所有的朋友都来自内布拉斯加州，并且比尔的朋友也都来自中西部。）

除了将要来吃晚餐和将留下喝酒之间的区别，（47）最重要的预设是内布拉斯加州人来自中西部。内布拉斯加州人作为同一性陈述或包含陈述中出现的要素，是通过 too 对并行信息进行回指得到的结果。当然，内布拉斯加州人并不等同于中西部的人，准确地说，他们包含在中西部人这个集合当中。因此，这个句子意味着一群来自中西部的人将来吃晚餐，并且他们中的某个子集——即内布拉斯加州人——将留下来喝酒。（48）的情况类似，只是词项出现的顺序和它们与预设词的关联是

---

① S. Soames，"How Presuppositions Are Inherited：A Solution to the Projection Problem"，*Linguistic Inquiry*，Vol. 13，No. 3，1982，p. 497.

相反的。

二　克里普克预设回指思想的启示

当读到或听到一段话时，人们往往可以轻易地判断出这段话是完整的话语还是语词的简单拼接，人们为何有这种判断的能力？这从某个侧面说，也反映了语篇中必然存在着一些因素，正是这些因素使得语句能够被人们所理解。多个语句能否连接成为一个语篇，要看这些语句是否存在内在的衔接机制。回指照应、省略、替代等都是很重要的语法衔接手段。克里普克注意到回指照应要素在语篇中发挥的巨大作用，从语言学角度分析了副词、动词以及强调句等触发预设时所体现出来的回指照应现象，他的分析使得预设和回指照应的关系问题重新进入学者的研究视野中。

之前学者关于预设的讨论以及对投射问题的解决都忽略了预设体现回指照应这一要素，克里普克指出，如果将这一要素充分考虑进来，那么预设问题就会得到全新的阐释、分析和解决。虽然他没有给出有关投射问题的具体解决思路，但他的思想足够照亮未来研究的道路。读到克里普克文章的最后，启发我们思考两个问题：首先，克里普克在文章中谈到的回指照应是否也具有一定的规则？在何种情况下，这种回指照应才能成立？其次，某些词类或结构在触发预设时，是如何体现回指照应的？既然回指照应可以在相应的理论中得到良好的处理，那我们能否用处理回指的方法来处理复合表达式的预设问题？

我们依次来展开这两个问题，首先关注克里普克文章中谈到的回指照应被允许时的规则问题。这个问题可以与明确的代词照应和量词照应相关问题相媲美。仍旧通过实例来说明：

（51）Perhaps Sam will come to the party. If there isn't a board meeting, *the boss* will come, too. （山姆或许会来参加聚会。如果没有董事会议，

那么老板也将会来参加聚会。）

一个语篇中的回指照应不必在同一个句子中，它可能回指前面语句中的信息。（51）中，too 触发的预设为山姆不是老板。克里普克指出，只要是在透明语境中，预设就可能在紧接着的话语中不言而喻。他列举了索姆斯文献①中的实例：

（52）a. If Haldeman is guilty，（then）*Nixon* is（guilty），too.（如果霍尔德曼是有罪的，（那么）尼克松也是（有罪的）。）

　　b. *Nixon* is guilty，too，if Haldeman is（guilty）.（尼克松也是有罪的，如果霍尔德曼是（有罪的）。）

　　c. If *Haldeman* is guilty，too，（then）Nixon is（guilty）.（如果霍尔德曼也是有罪的，（那么）尼克松是（有罪的）。）

　　d. Nixon is guilty，if *Haldeman* is（guilty），too.（尼克松是有罪的，如果霍尔德曼也是（有罪的）。）

在（52b）中，平行元素出现在条件句的前件中，但是在后件语句中才被说出来。克里普克认为，这种回指情况类似于代词的问题，他指出要注意这个问题与普通的基础性代词实例的类比。

（53）a. If John is free，he will come to the party.（如果约翰有空，他将会过来参加聚会。）

　　b. He will come to the party，if John is free.（他将会来参加聚会，如果约翰有空。）

　　c. If he is free，John will come to the party.（如果他有空，约翰将来参加聚会。）

　　d. John will come to the party，if he is free.（约翰将来参加聚会，如果他有空。）

---

① S. Soames，"How Presuppositions Are Inherited：A Solution to the Projection Problem"，*Linguistic Inquiry*，Vol. 13，No. 3，1982，pp. 525－526.

在（53a—d）中，"he"类似于（52a—d）中"too"的情况。此外，（52a—d）的每一个句子中，too在条件句中的位置分别类似于he在（53a—d）的每一个条件句中的位置。然而，回指照应的约束却是不同的。众所周知，（53）中，除了（53b）剩下的所有情况中，he和John都能进行相关的指代照应。（53b）中，he必须回指话语中之前已经提到的人，或者必须直接指称谈话语境中的某些人，而不回指约翰。（52a—d）中，指代照应规则是不同的。（52c）中，too不能在尼克松到霍尔德曼之间作出回指照应。正如（53b）那样，（52c）对于先前提到的或者上下文人物（比如约翰·米切尔）必须有一个指代照应或指示功能。关于回指照应被允许时的规则问题，克里普克在文章中只谈了too的情况。至于预设的回指规则到底是怎样的，它是否类似于代词的回指规则，这有待于深入研究。就目前来说，克里普克的思想已经给预设研究很大的启发。

某些词类或语言结构在触发预设时如何体现回指照应这一问题，克里普克在文章中详细探讨"也""再次"的情况。它们在语篇中体现预设信息，类似于代词在语篇中寻找先行语。既然代词的回指照应问题可以在相应的理论中得到良好的处理，那我们能否用处理代词回指的方法来分析复合表达式的预设呢？克里普克的预设回指思想与逻辑学家范德森特、克拉默对预设的分析不谋而合。范德森特曾经在语言学文献中谈到预设和回指问题，他将预设看作一种回指词，并且在话语表现理论下用处理代词回指词的方法来分析语句的预设。众所周知，话语表现理论最初是为处理代词回指照应的驴子句而产生的，它也是目前处理回指照应问题的最佳理论。有关话语表现理论的句法规则和语义解释在预备知识里面已经介绍，它作为一个逻辑技术工具，构成了接下来第四章、第五章详细探讨的理论基础。

第四章　话语表现理论解决预设投射问题的探索

克里普克的探讨启发我们重新审视范德森特和克拉默的思想，范德森特建议用处理代词回指照应的方法来分析复合表达式的预设，这为预设投射问题的解决提供了一些新思考。话语表现理论 DRT 是处理回指照应问题的最佳理论，在预备知识中已经详细介绍了话语表现理论的基本内容，接下来在话语表现理论的框架下分析预设的具体投射情况。克拉默推进了范德森特的工作，将话语表现理论进行扩充，在话语表现理论原有的句法和语义基础上增加一个预设信息，这个预设信息会呈现在话语表现结构的条件集中，扩充后的理论称为预设话语表现理论。本章会在预设话语表现理论中讨论条件句子句预设的具体投射情况，利用话语表现理论这一动态语义学的方法分析预设，符合人们在交往过程中信息不断更新的特点，使得投射的解释更容易为人们所理解。

一　标准话语表现理论下的典型方案

命题逻辑研究的推理是围绕"¬""∧""∨""→"等真值联结词

进行的，这些真值联结词是自然语言中否定句、联言句、选言句和条件句的抽象。话语表现理论在研究自然语言过程中，注意到这些复合语句的情况，对此展开了一系列研究。通常情况下，话语表现理论在处理语句系列 S_1，S_2，…，S_n 时，会先构造 S_1 的 DRS_1，再将 DRS_1 中的信息累加到 S_2 的分析中，得到 DRS_2，最终得到整个语篇的话语表现结构 DRS_n。然而，对于自然语言中的联言句、选言句和条件句这些复合语句，虽然它们也是由若干子句构成的，但话语表现理论却不能利用"简单信息累加"的方法来处理它们。话语表现理论将复合语句看作一个整体，针对每一种复合语句它都给出构造规则和语义解释，话语表现理论在某种意义上超越了经典逻辑，更加贴近人们对自然语言意义的理解。

（一）话语表现理论对驴子句回指照应问题的处理

话语表现理论最初产生的原因之一是要克服传统语义学对"驴子句"（donkey sentence）解释的局限性，由于"驴子句"是一个条件句，因而我们首先讨论话语表现理论对条件句的处理，比如：

（1）If Sophie owns a book on pragmatics then she uses it. （如果苏菲有一本语用学方面的书，那她就使用它。）

在（1）中，"Sophie owns a book on pragmatics"是条件句的前件，而"she uses it"是条件句的后件。通常来说，"If…then"是条件句的标志性联结词，除了"If…then"外，"in case""provided""supposing"也是条件句的联结词。为了生成条件句的句法树，话语表现理论增添了一条短语结构规则"S→ if S_1 then S_2"；结合之前的句法规则可以得到（1）的句法分析树：

（2）

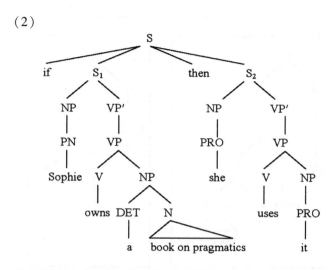

为获得以上条件句的话语表现结构 DRS，话语表现理论建立了相应的构造规则：

（3）

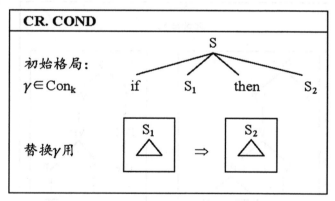

由图中可以看到，在条件句的构造规则中引入了一个形如"$K_1 \Rightarrow K_2$"的 DRS 条件；有了构造规则，根据预备知识中给出的 DRS 构造算法，将（2）放入空框架图 K_0 中，再根据 CR. COND 可得（4）：

（4）

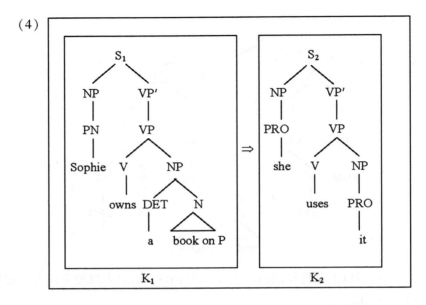

然后对（4）中的 K_1 运用专名的构造规则 CR. PN 得到（5）：

（5）

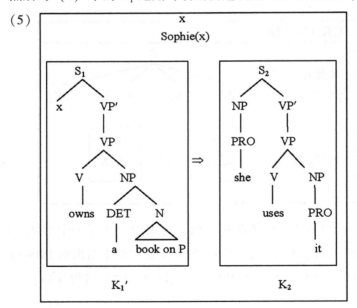

从（4）到（5）的操作中可以看到，话语表现理论将 K_1 中专名

Sophie 对应的话语所指 x 及其条件提升到包含 K_1 的主 DRS① 中了，并没有将 a book on pragmatics 这一不定摹状词放入主 DRS；对专名的这种处理方式是 CR. PN 规则特别要求的。对（5）中的 K_1' 运用不定摹状词规则 CR. ID 和规则 CR. LIN，对 K_2 运用两次 CR. PRO 规则，最后得到语句（1）的 DRS 如下：

（6）

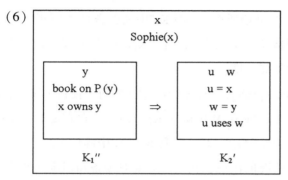

（6）中再没有可以化归的 DRS 条件了，此时的 DRS 非常清晰：x 是主 DRS 的话语所指，"Sophie（x）" 和 "$K_1'' \Rightarrow K_2'$" 是 DRS 条件。"$K_1 \Rightarrow K_2$" 是话语表现理论非常奇特的处理方式，被学者们称作蕴涵的 DRS 条件，由于之前没有讨论过这种情况，因而在给出条件句模型论语义解释之前，首先要对 "$K_1 \Rightarrow K_2$" 进行定义：

定义 1

（1）同预备知识定义 1 的（1）；

（2）一个限制在 V 和 R 上的 DRS 条件是下列表达式之一：

　　　（a）—（f）同定义 1；

　　　（g）$K_1 \Rightarrow K_2$，其中 K_1、K_2 是限制在 V 与 R 上的 DRS。

将 "$K_1 \Rightarrow K_2$" 情况加入 DRS 的定义中后，相应地我们要对它进行语义解释。"$K_1 \Rightarrow K_2$" 形态的 DRS 非常像普通逻辑中的蕴涵式 "P→Q"，通常对 "P→Q" 蕴涵式的解释为：赋值函数 V 满足 "P→Q"，当

---

① 主 DRS 即位于最外层的那一 DRS。

且仅当，如果 V 满足 P，那么 V 满足 Q。依照这个解释，话语表现理论对"$K_1 \Rightarrow K_2$"的解释也应该是：嵌入函项 g 确认"$K_1 \Rightarrow K_2$"，当且仅当，如果 g 确认 K_1，那么 g 也确认 K_2。然而，"$K_1 \Rightarrow K_2$"的情况远没有我们想象的那样简单，原因是"$K_1 \Rightarrow K_2$"是主 DRS 中的条件，确认主 DRS 的函数 f 到"$K_1 \Rightarrow K_2$"这里必须有所扩展，正如（6）中的情形，主 DRS 中只有一个话语所指 x，而 K_1'' 中还包含话语所指 y，K_2' 中更是增添两个话语所指 u 和 w。因而，对"$K_1 \Rightarrow K_2$"的模型论定义需要对嵌入函项进行两次扩展。即：

f 在模型 M 中确认 $K_1 \Rightarrow K_2$，当且仅当，就 f 的每个使得 Dom（g）＝Dom（f）$\cup U_{K1}$ 的扩展 g（g 在 M 中确认 K_1）而言，存在 g 的一个扩展 h，使得 Dom（h）＝Dom（g）$\cup U_{K2}$ 并且 h 在 M 中确认 K_2。

由于这一新确认情况的出现，我们有必要对预备知识定义 5 进行修订和补充，使其能够反映这一新情况：

定义 2

令 K 是限制在给定语言词汇 V 和话语所指集合 R 上的一个 DRS，γ 是一个 DRS 条件，M 是模型，f 是 K 到 M 的一个映射

（1）同预备知识定义 5 的（1）；

（2）f 在 M 中确认条件 γ，当且仅当

（a）—（f）同预备知识定义 5；

（g）γ 形如 $K_1 \Rightarrow K_2$，且就 f 的每个使得 Dom（g）＝Dom（f）$\cup U_{K1}$ 的扩展 g（g 在 M 中确认 K_1）而言，存在 g 的一个扩展 h，使得 Dom（h）＝Dom（g）$\cup U_{K2}$ 并且 h 在 M 中确认 K_2。

通过前文分析我们知道"$\neg K_1$"是一种复杂的 DRS 条件，同样"$K_1 \Rightarrow K_2$"也是，并且这两种复杂的 DRS 条件都是在 DRS 基础上构建的。这种构成方式自然就产生了作为 DRS 的 K_1 或 K_2 同包含"$K_1 \Rightarrow K_2$"或"$\neg K_1$"的主 DRS 之间的关系问题。在话语表现理论中，这些关系分为从属关系（subordinate）、直接从属关系（immediately subordinate）和

弱从属关系（weak subordinate）；在这些关系的基础上就可以定义"可及"（accessibility）概念了。依次来看这些关系和概念的定义：

定义 3

①令 K_1、K_2 都是 DRS，K_1 直接从属于 K_2（记作 $K_1 < K_2$），当且仅当

（a）Con_{K2} 含有条件 $\neg K_1$；或者

（b）存在一个 DRS K_3，Con_{K2} 中包含形如 $K_1 \Rightarrow K_3$ 的条件，或形如 $K_3 \Rightarrow K_1$ 的条件。

②K_1 从属于 K_2，当且仅当

（a）K_1 直接从属于 K_2，或者

（b）存在一个 DRS K_3，使得 K_3 从属于 K_2，且 K_1 从属于 K_3。

③K_1 弱从属于 K_2（记作 $K_1 \leq K_2$），当且仅当，或者 K_1 从属于 K_2，或者 K_1 等于 K_2。

定义 4

令 K 为一个 DRS，x 是一个话语所指，γ 为 DRS 条件。在 K 中 x 对于 γ 来说是可及的（accessible），当且仅当，存在 $K_1 \leq K$ 和 $K_2 \leq K_1$，使得 x 属于 K_1 的论域，γ 属于 K_2 的条件集，也即 $x \in U_{K1}$，$\gamma \in Con_{K2}$。

通过下图来理解上述定义：

(7)

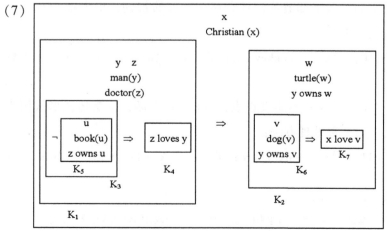

根据定义，可以得出图中的直接从属关系有：$K_5 < K_3 < K_1 < K$，$K_6 < K_2 < K$，$K_4 < K_1 < K$，$K_7 < K_2 < K$。同时，在 DRS K 中，话语所指 x，y 和 z 相对于 K_4 中的条件"z loves y"是可及的；话语所指 u，v 和 w 相对于"z loves y"是不可及的。另外，x、y、z、w 和 v 相对于 K_7 中的条件"x loves v"是可及的，但 u 却不可及。

话语表现理论有关条件句的探讨有它独特的价值：一方面，它将条件句的解释同经典命题逻辑关于实质蕴涵的讨论联系起来[①]；另一方面，它又能把握条件句中代词的回指照应，这对于接下来要讨论的驴子句回指照应问题至关重要。自从彼得·吉奇（Peter Geach）在 1962 年提出驴子句问题以来，这个语言现象就成为语言学领域的重要议题，他所谓的"驴子句"是形如这样的条件句：

（8）If Angela owns a donkey, she beats it.（如果安吉拉拥有一头驴子，那么她鞭打它。）

对于（8）这一语句，我们在一阶谓词逻辑中会将它理解为下述表达式：

（9）$\forall x$（donkey（x）$\wedge$ own（Angela，x）$\rightarrow$ beat（Angela，x））

然而，按照通常的考虑，学者们一般认为所有的无定名词[②]（indefinite noun）短语都被看作具有存在意义的量词，根据这一观点，（8）又被翻译为：

（10）$\exists x$（（donkey（x）$\wedge$ own（Angela，x））$\rightarrow$ beat（Angela，x））

（10）其实并不能真正表达（8）的内涵，于是传统形式语义学又采用了另一种处理方法：

（11）$\exists x$（donkey（x）$\wedge$ own（Angela，x））$\rightarrow$ beat（Angela，

---

① 邹崇理：《自然语言逻辑研究》，北京大学出版社 2000 年版，第 149 页。
② 在（8）中无定名词指的是"a donkey"。

x)①

在（11）中，后件"beat（Angela，x）"的"x"是不被前件中的存在量词所约束的，因而语句（8）所要求的"it"和"a donkey"之间的回指照应关系就无法体现。传统形式语义学在处理这个问题上显示出来的局限性，使得话语表现理论的优势逐渐显露。话语表现理论并不着急将驴子句翻译为一阶谓词逻辑的公式，而是首先画出语句（8）的句法分析树，在句法分析树的基础上采用条件句的构造规则 CR. COND，获得（8）的语义表现框架图，也即 DRS：

（12）
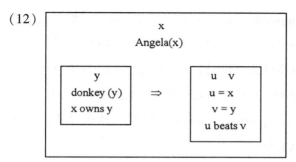

话语表现理论对条件句驴子句的这种处理方法，不涉及量词问题，在话语表现结构 DRS 中引入两个等式条件，将前件中的名词与后件中的代词之间的指代照应关系体现在框架图中，一目了然，同时还避免了传统形式语义学对自然语言量化表达式一般性处理的责难。话语表现理论的分析结果也表明，像"a donkey"这样的无定名词短语，它本身并没有一成不变的量化特征，它的语义特征应该随着上下文的语境以及具体的指代照应关系而变化。在语句（8）这样的条件句中，它的量化特征就是全称的。在其他的语境下，它可能会被赋予"存在"或特称的涵义。至于驴子句的 DRS 在模型中的解释，它类似于（1）的情况，之前已经详细论述，在此不再具体阐述。

_____

① 注意（10）和（11）的区别，量词所约束的辖域是不同的。

话语表现理论除了重点分析条件句外，还对联言句、选言句等复合语句的情况进行了介绍，并在不同程度上超越了经典逻辑对这些复合语句的分析，比如它刻画联言句各个联言支的顺序问题，以及刻画选言支"穷尽可能"的特点，这些都是话语表现理论的特色。

（二）范德森特方案

范德森特在《预设投射作为回指词消解》这篇文章①中提出，从某种程度上说，预设在语篇中表现为一种回指词，或称作照应语。"预设作为回指词"（presuppositions-as-anaphors）这一观点，很自然地使得语言学家想到，预设的投射问题可以被归约为解决代词回指照应的问题。更具体地说，范德森特认为，预设能够采用话语表现理论处理回指代词的同样机制而得到分析。在话语表现理论中，代词找到它的先行词的过程被称为回指消解（anaphora resolution）；同样，预设寻找它的先行信息的过程被称为预设消解。

关于预设能否被看作回指词，范德森特作出了实例分析。以下的几个实例表明在同一个位置上的代词回指照应表达式和预设表达式拥有相同的真值条件。例句 a 中都有一个代词照应表达式，并且这个照应表达式被句内的先行词所约束；而 b 句和 a 句的涵义相同，不同之处在于 b 句拥有一个预设表达式，触发的预设没有投射出来。

（1）a. William bought a Porsche and we knew it.

b. William bought a Porsche and we knew that William bought a Porsche.

（2）a. 如果有人打乱了我们的计划的话，那么是琼斯打乱了它。

b. 如果有人打乱了我们的计划的话，那么是琼斯打乱了我们

---

① Van der Sandt, "Presupposition Projection as Anaphora Resolution", *Journal of Semantics*, Vol. 9, No. 4, 1992, pp. 333 – 377.

的计划。

（3）a. 有一位法国国王，并且他是秃子。

　　　b. 有一位法国国王，并且这位法国国王是秃子。

范德森特认为，之所以 b 句中触发的预设没有投射出来，是因为这些信息被语句前半部分的信息约束了；这类似于语句 a 中的回指照应表达式被它们的先行词所约束一样。正是基于这种类似性，范德森特指出，所有触发的预设都具有照应性，都能以代词消解的方式而得到处理。

众所周知，话语表现理论 DRT 是处理回指照应问题的最佳理论。话语表现理论的创始人汉斯·坎普曾经提到，话语表现理论最重要的两个目标是解决"驴子句"的回指照应问题和描述语句系列的时间特征。范德森特将话语表现理论处理回指照应语的方法运用到预设的分析中。预备知识已经详细介绍了话语表现理论的句法和语义系统，第四章第一节又在句法和语义的基础上阐述了话语表现理论对回指照应问题的解决思路，这些都为下文的论述作了铺垫。

话语表现理论是在话语表现结构 DRS 的层次上将一个照应表达式引入的话语所指指向另一个话语表现结构 DRS 中已经出现了的话语所指，因而照应表达式需要和一个先行语联系起来才能得到完整的理解。一般来说，代词和它们的先行词是通过等同性联系起来的。在话语表现理论中，回指消解的过程，即在话语表现结构 DRS 层次上，一个照应表达式寻找与它等同的先行词，找到后即得到消解。照应表达式是一个话语所指，它需要找到一个合适的话语所指，并且和它确定彼此之间的等同性。如果在话语表现结构中，照应表达式能够找到合适的先行语，范德森特就认为这个回指消解成功，并称这个过程为约束操作（bind-ing）。"约束"这一概念并非我们通常理解的"限制"，在这里指的是照应表达式找到它对应的先行词的位置，从而使得整个语篇的信息融洽。

范德森特认为，预设表达式的消解过程与照应表达式的消解过程是相似的。我们先要确定预设信息，再在话语表现结构中消解预设。一般来说，预设信息储存在一个临时的话语表现结构中，范德森特将这个临时的话语表现结构称为∂结构①。储存在∂结构中的信息是需要处理的，处理的方法即为它找到一个合适的先行语。如果这个合适的先行语被找到了，那么∂结构中的预设信息就被这个先行语所约束。此时，我们就可以将∂结构中的话语所指和条件放入先行语所在的话语表现结构中，同时给∂结构论域中的 x 加上一个 x = y 这样的条件，y 在这里是先行语的话语表现结构中的一个话语所指。经过这样的操作，与预设信息相关的描写信息就从临时的∂结构移动到了约束的位置，此时∂结构变成了一个空的结构，可以从话语表现结构中删除。为更好地理解范德森特的思想，以（4）为例进行说明：

（4）Sophie has a cat. That cat is friendly. （苏菲有一只猫。那只猫非常友善。）

根据范德森特的理论②，可以画出（4）的 DRS 以及∂结构：

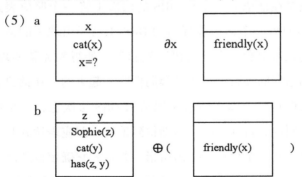

（4）中第二个语句"That cat is friendly"的语义表达式由两个话语

---

① ∂是一个算子，是范德森特为说明预设专门引入的，下文中会有详细介绍。

② 注意，范德森特给出的 DRS 与汉斯·坎普给出的 DRS 记法不同，他将话语所指与条件之间用横线隔开，下文中的克拉默沿用了范德森特的记法。

表现结构 DRS 组成，"that cat" 是一个预设触发语，它触发了 "there is a cat" 这样一个预设。这个预设也要用话语表现结构 DRS 表示，也即 (5a) 中的第一个话语表现结构。由于范德森特将预设看作照应语，因而它需要向前去寻找它的约束者——即它的先行语的话语所指，用 $x=?$ 表示。(5a) 的两个结构中间出现了一个 "∂" 算子，它的论域是前后两个话语表现结构，"∂x" 是指 "∂" 要把 x 映射到先行的话语所指，比如 y，以建立对应关系。(5b) 中的第一个话语表现结构是 (4) 中第一个语句的语义表达式。符号 ⊕ 是合并的意思，合并之后，"∂" 将 x 映射到了上一个语篇结构中的先行语的话语所指 y，得出 $x=y$，从而实现预设语和先行语的照应。由于先行语是被触发的，因而一旦找到先行语之后，它的话语表现结构就会被取消，相关的信息就要移到上一个话语表现结构中，这也正好体现了话语表现理论解释语篇时信息递增这一特点。

很多时候，我们在先前的话语表现结构中找不到预设的信息，也就是说在搜寻了所有可及的话语表现结构后找不到预设的先行语，此时就无法将照应语（也即预设信息）约束起来。比如，当我们听到有人说：

(6) 王老师的汽车昨天丢了。

(6) 的预设是"王老师有辆汽车"。如果我们都知道王老师并没有汽车，那么就会拒绝接受这句话。但是如果我们不知道王老师到底有没有汽车时，对这句话可能就有两种不同的处理办法：一是拒绝接受这个话语，因为它的预设不受语境的支持；另一种是接受这个预设，将预设信息加入语境中，然后再对整句话进行解读。现实生活中，我们常常会遇到句子的预设信息在之前语篇中得不到约束的情形，然而大多数情况下我们都能正常地理解句子，并且交际行为仍然能够正常进行。哲学家大卫·刘易斯（David Lewis）最先注意到这种情况，并把人们将预设加入语境中分析的过程称为"接纳"（accommodation）。"接纳"为人们理解语篇提供了一个先行成分，帮助改变当前的语境来满足预设信息。从某种程度上说，我们可以将接纳看作一种修补策略，谈话者在说话时可以表现出某个命题是语境或者"共同知识"的一部分，强迫听话者接受这个命题被预设，并且调整其共同知识的结构将这个预设信息纳入进去。

范德森特采纳了刘易斯的做法，并在话语表现理论中表达了这个思想。他认为，接纳操作需要加入一个所需的先行语来调整话语表现结构。具体操作过程是这样的：先从预设触发的起始话语表现结构开始，沿着可及关系的路径在所有的 DRS 以及 DRS 条件中寻找一个合适的先行语，直到主 DRS 为止。如果未找到合适的先行语，我们就需要在一个可及的表达结构中加入同样的预设信息，这样就创造出一个先行语，它可以约束预设。预设之所以可以为自己创造先行语是因为预设具有描写内容。在接纳操作时，预设信息从它的触发语位置移动到话语表现结构中的某一位置，同时失去它预设的性质，也即此时 ∂ 算子在移动过程中被删除。需要注意的是，这个移动过程不是随便发生的，它必须是移动到一个可及的位置，移动的终点位置可能是触发语的局部表述结构，也可能是主 DRS 结构。

以上即是范德森特预设作为回指词理论的大致思想，可以说他对预设的这种分析思想颠覆了以往逻辑学对预设的处理，很难用简单的言语来评价他思想的巨大价值。在范德森特思想提出不久，克拉默就为他的理论配备了句法和语义，并在话语表现结构的条件所在的位置将预设信息表现出来。同时，他还用新系统重新阐释了范德森特的预设作为回指词的理论。他的工作丰富了预设理论，为投射问题提供了新的分析视角。

二　预设话语表现理论下的改进方案①

对预设来说，当下有两种比较流行的动态分析方法：一种是对预设进行语境分析，被称为语境满足方法，这种方法可以追溯到 1974 年卡图南的分析，随后 Heim、Beaver 和 Van Eijck 在他的基础上给出补充和完善。这些学者的理论有相同之处，就是他们都在动态语义学的框架中进行研究，并且纯粹根据动态语义来确定一个表达式的预设。另一种非常不同的分析方法始于 1992 年的范德森特。他认为，预设在本质上是一种照应语，因而我们可以采用话语表现理论处理代词照应问题的方法来分析预设。范德森特理论中两个重要的操作是约束和接纳。预设照应语从预设被触发的话语表现结构出发，沿着可及关系的路径，向上搜寻每一个话语表现结构来寻找一个合适的先行语。如果这个合适的先行语被找到，那么预设信息就被约束；如果搜寻到主 DRS，此时还没有找到一个可及的、合适的先行语，那么就需要接纳预设，这在某种程度上说，也即预设照应语可以创造一个先行语。约束操作和接纳操作二者的结合使得范德森特的预设作为回指词理论更具实证性的优点。

克拉默非常推崇范德森特的工作，为了更好地阐述范德森特预设作为回指词的理论，他在《预设和回指词》这一著作②中将话语表现理论进行扩充，在话语表现理论原有的句法和语义基础上增加一个预设信息，这个预设信息会呈现在话语表现结构的条件集中，扩充后的理论记作预设话语表现理论，也称为预设 DRT 系统。这一新系统一方面继承了卡图南、Heim、Beaver 和 Van Eijck 等语言学家动态分析的优点，另一方面它还吸收了范德森特的预设作为回指词理论的精华。克拉默无意

---

① 本节内容已发表，有改动。参见陈晶晶《语篇表示理论下的预设投射问题》，《重庆理工大学学报》2019 年第 11 期。

② E. Krahmer, *Presupposition and Anaphora*, Stanford：CSLI Publications, 1998.

于比较标准 DRT[①] 和预设 DRT 两个系统之间的不同，他所关注的是预设 DRT 的独特优势：即预设 DRT 取代标准 DRT，成为一种基础分析工具，提升了预设作为回指词的理论。在预设话语表现理论中，克拉默给出的分析比标准话语表现理论更具优势，我们首先来看他是如何对标准话语表现理论进行扩充的。

（一）预设话语表现理论的句法和语义

通常来说，标准话语表现理论在理解一个语句时会先画出这个语句的句法分析树，然后将句法分析树转化成一个 DRS 框架图，并且在转化过程中将回指代词进行处理。克拉默不这样做，他扩充了 DRS 的构成，在 DRS 条件中增添一个预设信息的要素，并且这个预设信息的结构也类似于 DRS 的形式，这个加入了新的预设信息的 DRS 框架图被称作 S-DRS。克拉默关于 S-DRS 的定义如下：

如果 x_1，$\cdots$，x_n 是话语所指，Ψ_1，$\cdots$，Ψ_m 是 DRS 条件，并且 Φ_1，$\cdots$，Φ_k 是 S-DRSs，那么 $[x_1, \cdots, x_n \mid \Psi_1, \cdots, \Psi_m \mid \Phi_1, \cdots, \Phi_k]$ 是一个 S-DRS。（n, m, k $\geqslant$ 0）

用图表的形式表示一个 S-DRS 如下[②]：

（SDRS）

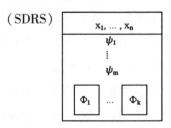

因此，一个 S-DRS 可以被视为在一个标准 DRS 基础上嵌入 DRSs

---

① 由于克拉默新理论的提出，为了作出区分，本书将最初汉斯·坎普的话语表现理论称为标准 DRT，克拉默的新理论称为预设 DRT。

② 这个 DRS 并不完全忠实于范德森特最初文章中的表达方式，克拉默在其著作中这样表达是为了今后的探讨。$[x_1, \cdots, x_n \mid \psi_1, \cdots, \psi_m \mid \Phi_1, \cdots, \Phi_k]$ 是 SDRS 的线性表示。

Φ_i，其中每一个 DRSs Φ_i 都表达了一个初级预设，等待消解。在实际的语言分析过程中，由于预设 Φ_i 也是 S-DRSs，因而它们自身也可能包含嵌入预设。用克拉默的理论分析一个常见的例子：

（1）If France has a king, then the king of France is bald. （如果法国有一位国王，那么这位国王是秃子。）

（SDRS 1）

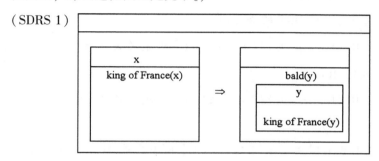

语句（1）的话语表现结构为（SDRS1），从图中我们可以看到，后件 DRS 包含了一个预设 DRS，预设是"存在一位法国国王"，这个预设是由限定摹状词触发的。

了解了如何在标准话语表现理论中添加预设信息后，克拉默给出了预设话语表现理论的句法和语义。预设话语表现理论的句法是在标准话语表现理论的基础上，再增加有关初级预设的表述，此时克拉默沿用了范德森特的预设算子 ∂。具体如下：

定义 1（预设 DRT 的句法）①

1. 如果 R 是一个 n 元谓词并且 t_1，…，t_n 是话语所指，那么 R（t_1，…，t_n）就是一个条件。

2. 如果 t_1 和 t_n 是话语所指，那么 $t_1 \equiv t_n$ 是一个条件。

3. 如果 Φ 和 Ψ 是 DRSs，那么（$\Phi \Rightarrow \Psi$）是一个条件。

4. 如果 x_1，…，x_n 是话语所指，Ψ_1，…，Ψ_m 是条件，那么 [x_1，

---

① E. Krahmer, *Presupposition and Anaphora*, Stanford：CSLI Publications, 1998, p. 162.

…, x_n │ Ψ_1, …, Ψ_m] 就是一个 DRS。(n, m≥0)

5. 如果 Φ 和 Ψ 是 DRSs, 那么 (Φ; Ψ), ¬ Φ, $\partial\Phi$ 是 DRSs。[1]

一般来说, 一个完善的理论不仅拥有句法知识, 还拥有对这些句法内容的语义阐释。克拉默在给出预设话语表现理论的句法系统之后, 又对其进行语义说明:

定义 2 (预设 DRT 的语义)[2]

1. [R (t_1, …, t_n)]$^+$ = { g │ [t_i]$_g$ 被定义 & 〈 [t_1]$_g$, …, [t_n]$_g$〉 $\in$ I (R)}

   [R (t_1, …, t_n)]$^-$ = { g │ [t_i]$_g$ 被定义 & 〈 [t_1]$_g$, …, [t_n]$_g$〉 $\notin$ I (R)}

2. [t_1 ≡ t_2]$^+$ = { g │ [t_1]$_g$, [t_2]$_g$ 被定义 & [t_1]$_g$ = [t_2]$_g$}

   [t_1 ≡ t_2]$^-$ = { g │ [t_1]$_g$, [t_2]$_g$ 被定义 & [t_1]$_g$ ≠ [t_2]$_g$}

3. [Φ⇒Ψ]$^+$ = { g │ ∀h (〈g, h〉 $\in$ [Φ]$^+$ ⇒ ∃k 〈h, k〉 $\in$ [Ψ]$^+$) & DEF_g (Φ)}[3]

   [Φ⇒Ψ]$^-$ = { g │ ∃h (〈g, h〉 $\in$ [Φ]$^+$ & ∃k 〈h, k〉 $\in$ [Ψ]$^-$)}

4. [[$\vec{x}$│ Ψ_1, …, Ψ_m]]$^+$ = {〈g, h〉│ g {$\vec{x}$} h & h $\in$ ([Ψ_1]$^+$ ∩…∩ [Ψ_m]$^+$)}

   [[$\vec{x}$│ Ψ_1, …, Ψ_m]]$^-$ = {〈g, g〉│ ∀h (g {$\vec{x}$} h ⇒ h $\in$ ([Ψ_1]$^-$ ∪…∪ [Ψ_m]$^-$))}

5. [Φ; Ψ]$^+$ = {〈g, h〉│ ∃k (〈g, k〉 $\in$ [Φ]$^+$ & 〈k, h〉 $\in$ [Ψ]$^+$)}

---

[1] $\partial\Phi$ 的意思是: Φ 是一个初级预设。

[2] E. Krahmer, *Presupposition and Anaphora*, Stanford: CSLI Publications, 1998, p. 163.

[3] DEF 是 definition 的缩写, DEF_g (Φ) 即 $DEF_{M,g}$ (Φ), 指 DRS Φ 是在模型 M 中的指派 g 下被动态定义的。

$$[\Phi；\Psi]^{-} = \{\langle g, g\rangle \mid \forall k (\langle g, k\rangle \in [\Phi]^{+} \Rightarrow \exists h \langle k, h\rangle \in [\Psi]^{-}) \& DEF_{g} (\Phi)\}$$

6. $[\neg \Phi]^{+} = [\Phi]^{-}$

$[\neg \Phi]^{-} = [\Phi]^{+}$

7. $[\partial\Phi]^{+} = [\Phi]^{+}$

$[\partial\Phi]^{-} = \varnothing$

定义 3（ADR[①]）

1. $ADR([x_1,\cdots,x_n \mid \psi_1,\cdots,\psi_m]) = \{x_1,\cdots,x_n\}$

2. $ADR(\Phi；\Psi) = ADR(\Phi) \cup ADR(\Psi)$

3. $ADR(\partial\Phi) = ADR(\Phi)$

定义 4（可及关系 ACC[②]）

1. 如果 $ACC(\Phi \Rightarrow \Psi) = X$，那么 $ACC(\Phi) = X$ 并且 $ACC(\Psi) = X \cup ADR(\Phi)$

2. 如果 $ACC([x_1, \cdots, x_n \mid \psi_1, \cdots, \psi_m]) = X$，那么 $ACC(\psi_i) = X \cup \{x_1, \cdots, x_n\}$ $(1 \leqslant i \leqslant m)$

3. 如果 $ACC(\Phi；\Psi) = X$，那么 $ACC(\Phi) = X$ 并且 $ACC(\Psi) = X \cup ADR(\Phi)$

4. 如果 $ACC(\neg \Phi) = X$，那么 $ACC(\Phi) = X$

5. 如果 $ACC(\partial\Phi) = X$，那么 $ACC(\Phi) = X$

（二）克拉默方案

克拉默在预设话语表现理论的句法和语义基础上，重新分析预设的投射问题，并给出预设消解的算法。他将预设看作回指词，认为消解一个预设实际上是约束它或者接纳它，具体来说，分为以下三个步骤：

[①] ADR（Φ）即 the active discourse referents of a DRS Φ，DRS Φ 中活跃的话语所指。

[②] ACC 是 accessibility 的缩写，第四章第一部分对可及关系有详细介绍，这里的定义 4 是对可及关系的抽象。

1. 尝试尽可能从低位约束预设的话语表现结构 DRS。

根据之前的假定,将预设看作一种回指照应语,因而我们要寻找一个"合适的、可及的"先行语。通常情况下,可及关系是由相关 DRS 的结构决定的,我们可以查看可及的先行语集合 ACC 来获得哪些话语所指之间是可及的。以(SDRS1)为例,为了消解预设 DRS,需要寻找一个可及的、合适的先行语,显然前件 DRS 中由不定词 king of France (x)所引入的话语所指是最理想的候选。因此,预设 DRS 实际上是被约束的。约束的具体操作步骤是:将预设的 DRS 从它所产生的 DRS (简称"源 DRS")中移出来,在这个实例中,它从后件 DRS 中移出;并且"移入"那个先行语被引入以及预设被约束的 DRS 中(简称"目标 DRS"),即移入前件 DRS 中。整个过程中,y 的所有自由出现都被它新找到的先行语 x 所替代。照应语以这样的方式被先行语所"吸收"①,经过约束操作产生了下面的 DRS:

(DRS 2)

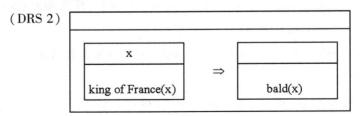

(2)If France has a king, then he is bald.(如果法国有一位国王,那么他是秃子。)

值得注意的是,(DRS2)也是例(2)的标准话语表现理论表述。实际上,正是例(1)和例(2)之间的平行促使范德森特讨论这一富有暗示性的话题,激发他思考预设作为回指词的机制。通过实例分析可以看到,在(SDRS1)这种情况下,由于只有一个可及的先行语,因而

---

① Van der Sandt, "Presupposition Projection as Anaphora Resolution", *Journal of Semantics*, Vol. 9, No. 4, 1992, p. 349.

我们非常容易找到它，并且将预设进行约束，预设被约束了，那它就不能投射到复合表达式中了。当然，日常语言中，情况会复杂很多。如果一个预设的先行语多于一个，按照范德森特的思想，会偏好约束最低位的先行语。也就是说，如果发现两个可及的先行语都具有恰当的性质，就将预设约束到距离最近的那个先行语上面，这里的"距离"远近，是根据源 DRS 和目标 DRS 之间的子 DRSs 数量而定的。范德森特为了确定这个"距离"，还定义了一个预设 DRS Φ 的"投射路线"（projection line）这样一个概念，它恰好是计算可及先行语时所遇到的子 DRSs 数量的列表。如果存在两个或多个接近的、合适的先行语，很有可能会出现消解歧义。

当观察每一个可及的 DRS 时，我们很有可能为预设信息找不到一个合适的先行语，甚至在主 DRS 中也不能为其找到先行语。此时，就应该进入预设消解算法的下一个步骤：

2. 如果约束预设的 DRS 失败，那么就尝试尽可能从高位接纳它。

在一些目标 DRSΨ 中接纳一个预设 DRS Φ，简单来说，就是将 Φ 加入 Ψ 中，用 Φ；Ψ 的合并来代替 Ψ。当尝试接纳一个预设 DRS 时，我们再一次遵循投射路线，但是现在要从相反的方向来做：在比较低一位的子 DRSs 中尝试接纳之前，首先尝试在主 DRS 中接纳预设信息——也即"全局接纳"（global accommodation）。最后在子 DRS（也即预设最初从那触发的源 DRS）中接纳预设信息——称作"局部接纳"（local accommodation）。预设信息被成功接纳，即为投射成功。通过实例（3）进行说明，它的 DRT 表述是（SDRS 3）：

（3）If a farmer owns a donkey, he gives it to the king of France.（如果一位农夫拥有一头驴子，那么他将它给了法国国王。）

（SDRS 3）

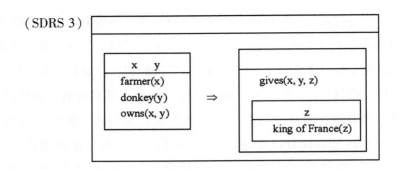

　　确切地说，这个 DRS 已经被部分消解了，代词 he 和 it 的表述已经分别被约束到先行语 a farmer 和 a donkey 了。一个预设 DRS 仍然保留在后件中，表达了"存在一位法国国王"这一初级预设。显然，约束这个预设信息是不可能了，因为没有可及的话语所指满足"他是一位法国国王"这一条件。因此，我们尝试接纳这个预设。也就是说，从后件中移出预设 DRS［z｜king of France（z）］，将它与（SDRS 3）左面的前件进行分析，再进行全局接纳就可以得到（DRS 4）。由图中可以看出，"存在一位法国国王"这一子句预设成功投射到了主 DRS 中，成为复合表达式的预设。

（DRS 4）

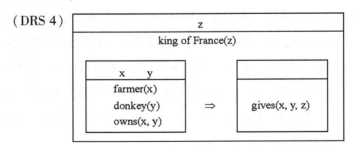

　　接纳是一种非常强的作用机制，因此范德森特要求接纳后所得的结果必须满足特定的限制。最明显的一个限制是在接纳操作后变元不可能再是自由的，即所谓的受限约束（trapping constraint）。① 此外，接纳的

---

① E. Krahmer, *Presupposition and Anaphora*, Stanford：CSLI Publications, 1998, p. 154.

结果还必须满足某些独立的、明确的限制条件：它必须是既提供信息量（informative），又是一致的（consistent）。也就是说，在 Φ 中接纳 Ψ，用 Φ′作为输出的结果：（i）信息量丰富说的是支持 Φ′的模型集合是支持 Φ 的模型集合的一个恰当的子集。（ii）一致性是说至少存在一个满足 Φ′的模型。信息性条件是基于这样一个原则，即断言应当传递新的信息。如果断言的信息被它的局部语境所蕴涵，那么就没有提供新的信息，断言的信息也就失去了信息性。对语境中的预设进行接纳可能会导致同一话语中的断言信息失去信息性，这是因为更改了的语境和其中经过接纳的预设已经蕴涵了这条断言信息，那么这个层次上的接纳就会被阻断。比如：

（4）If Zhang Dao is married, then his wife must be very beautiful.（如果张导已婚的话，那么他的妻子一定很漂亮。）

如果在主 DRS 中全局接纳"张导有个妻子"这一预设信息，就会使这个条件句的前件失去信息性，因为它已经被蕴涵了。所以，此时全局接纳会被阻挡，而预设将在局部语境中被接纳。除了要求接纳后的话语表现结构必须是合格的，并且满足信息性条件和一致性条件外，范德森特还提出全局接纳应当优先于局部接纳，尽可能从高位接纳预设信息的这种优先性来自预设的向上投射的倾向性。

如果局部接纳一个预设信息违背了信息性条件和一致性条件，那么就说明约束操作和接纳操作都不可行，此时就要进入消解算法的最后一个阶段：

3. 如果约束和接纳都失败，最终放弃。

这可能会发生在像例（5）这样的语句情形中：

（5）There is no king of France. # The king of France is bald.（不存在一位法国国王。#法国国王是秃子。）

如果人们在头脑中为这个例子构建一个 DRS，就会很容易地发现，约束由第二个句子中的限定摹状词所触发的"存在一位法国国王"这一预设是不成功的，因为不存在可及的先行语，同时，任何的接纳操作都违背了一致性条件。

话语表现理论处理自然语言中的预设问题似乎拥有得天独厚的优势。用处理代词回指照应的方法来分析预设，这种视角使得范德森特的理论极具吸引力，也使得克拉默的工作变得更加有价值。总体说来，他们使用单一的机制来分析预设和"正常的"回指词，并且将约束和接纳操作作为同一枚硬币的两面进行综合分析；通过实例让学者们感受到，每一个预设 DRS 都是根据一定的规则有序地产生各种可能的消解。可以说，将"预设作为回指词"这一思路，以一种非常成功的方式给出预设投射问题令人信服的说明。

范德森特方案和克拉默方案将预设作为一种回指词来处理的分析视角非常新颖，然而经过大量理论和实践研究，发现预设与代词回指词相比，还是有差别的，预设拥有更多的语篇功能。之所以这样说，是因为代词在向前寻找先行语的过程中，如果没有找到可及的先行语，那么整个语篇的理解就会受影响。而预设信息不同，如果在一个语句系列中，预设表达式找不到先行语，那么它会通过接纳操作为自身创造一个先行语，使得语篇能够得到完整的理解，这是预设独特的地方，也是吸引学者们一直坚持不懈研究它的魅力所在。

三　预设话语表现理论对克里普克问题的回应

前文介绍了范德森特和克拉默对预设的分析，并以条件句为例，探讨了约束和接纳操作下预设的具体投射情况。克里普克在他的文章中曾提出了许多违背直觉的例子，分析这些句子的预设投射情况很有必要。在此用范德森特和克拉默的方案给予克里普克经典实例一个回应。

在具体分析之前，我们再来回顾一下范德森特理论中的约束和接纳操作。首先，从预设被触发的话语表现结构开始，沿着可及关系的路径，向上检查每一个话语表现结构，来搜寻一个合适的先行语。如果这个恰当的、可及的先行语被找到，那么预设信息就被约束，此时预设就不能投射到整个复合表达式中。如果搜寻到主 DRS，还没有找到一个可及的先行语，此时就要将预设接纳，也即此时预设可以投射到整个复合表达式。关于预设被接纳的层次问题，也是一个非常重要的问题。一般而言，要尽可能在高位或者说高层次上接纳预设。如果由于在高位上接纳预设导致了结构不一致，或者导致之前信息失去信息性；那么这一层次上的预设接纳就被排除，接下来要沿着可及关系的路径在低一层次的话语表现结构中进行接纳，直到又回到预设被触发的起始 DRS 结构。这个搜寻的过程从预设产生的 DRS 结构开始到主 DRS，从主 DRS 又回到初始结构，呈一个环形。如果在这个环形结束时，可及关系路径上的所有语境都无法接纳预设的信息，那么这个预设信息可以在触发它的初始结构中被接纳。范德森特将预设的消解看作一种信息递增的处理过程，他认为，这样操作适合进行计算应用，尤其是当一个预设表达结构还有其他的预设表达结构内嵌在其中时，就需要先消解一个预设，然后再消解下一个预设。这种算法结构支持的是全局接纳优先的观点，这是因为 ∂ 结构及其预设在搜寻合适的先行语时被移动到了主结构。如果这个搜寻失败，那么首先要测试的是全局接纳，在那里预设最容易被接纳。通过以上回顾，可以将分析预设消解的操作总结如下：

①可及性：如果一个含有话语所指 x 的预设在某一个语篇中被触发，并且 x 在该语篇中受到约束，那么这个预设就会在 x 可及的约束对象的位置得到消解或接纳。这个操作本质上涉及的是句法要求，它要求预设的话语所指必须是受约束的。

②在约束操作时，如果存在两个或两个以上的可及的先行语，话语所指要和可及关系路径上最近的先行语进行约束。

③优先约束，纳入其次。在对预设进行消解时，首先考虑约束预设；约束不成再考虑接纳操作。

④全局接纳优先：如果有几种可能的接纳选择，那么全局接纳（也即离预设触发语位置最远的接纳）要优先于其他的接纳。

在范德森特理论的基础上，我们再来看第三章中克里普克提到的经典例子，如下：

（1）If Herb comes to the party, *the boss* will come, too.（如果赫布来参加聚会，那么老板也将会来参加聚会。）

通常人们认为，"too"触发的预设是"某个不是老板的人会来参加聚会"。而克里普克认为，这句话的预设是"赫布不是老板"。这里尝试利用范德森特的理论阐释克里普克得出"赫布不是老板"这一预设的过程。首先根据前文的介绍，画出这一语句的 SDRS 如下：

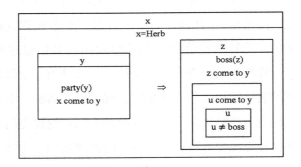

从 SDRS 框架图中可以看到，"too"触发了一个复杂预设，这个预设还内嵌一个初级预设。我们先从预设触发的起始话语表现结构开始，沿着可及关系的路径在所有的 DRS 以及 DRS 条件中寻找一个合适的先行语。由于 u 可及的话语所指为 y 和 x，因而先尝试在低位进行约束。在前件中 u 找到了预设信息"u ≠ boss"和"u come to y"恰当的先行语 x，因而"u come to y"约束到了前件"x come to y"上，此时这一预设信息不能投射到整个复合表达式的预设中；而"u ≠ boss"此时语义更新为"x ≠ boss"，体现在 SDRS 中即：

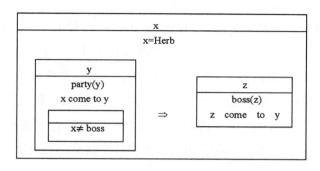

到此为止，我们看到前件 DRS 中仍然含有预设 DRS，因此还需要对其进行消解。仍然根据可及关系的路径，在整个话语表现结构中搜寻先行语。搜寻过程中会发现，"x ≠ boss"未能找到恰当的先行语，因而尝试在高位即主 DRS 中进行接纳。在主 DRS 接纳"x ≠ boss"，得到：

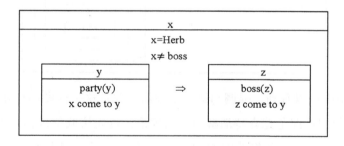

根据信息性和一致性条件，在接纳"x ≠ boss"后，可以得到整个复合表达式的预设为"赫布不是老板"。由此可以看出，范德森特的理论可以回应克里普克的思想。

克里普克在文章中还谈到强调句触发预设的情况，根据之前卡图南计算预设投射的算法，常常会得到违背直觉的结论。这里再次利用范德森特的思想分析克里普克的实例，以期为克里普克的思想提供理论支持。回顾第三章的强调句实例：

（2）If John Smith walked on the beach last night，then it was Betty Smith who walked on the beach last night.（如果约翰·史密斯昨晚在海滩

散步，那么昨晚正是贝蒂·史密斯在海滩散步。）

　　通常来说，强调句结构"it is x who does y"（做了 y 这件事的个体是 x）触发的预设是"某人做了 y"，所以根据之前卡图南的理论，（2）的预设应该为"如果约翰·史密斯昨晚在海滩散步，那么有人昨晚在海滩散步"，可以清晰看到这一预设为重言式，因而（2）没有预设。克里普克认为，说出（2）这一语句是不恰当的，它违背了我们日常的直觉。现在利用范德森特的理论进行分析，首先画出（2）的 SDRS 如下：

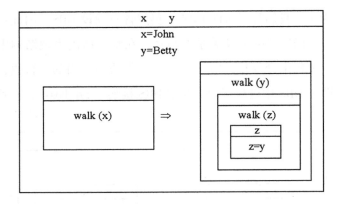

　　从图中可以看到，强调句触发了预设，并且这一预设还存在嵌套的 SDRS。依旧按照范德森特消解预设的理论，首先从低位进行约束。z 沿着可及关系的路径在前件中找到了合适的先行语 x，因而"walk（z）"约束到"walk（x）"上，不能投射到整个复合表达式中；而"z = y"此时语义更新为"x = y"，体现在 SDRS 中即：

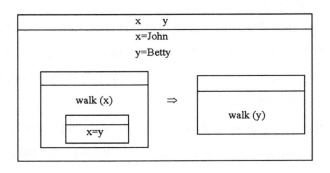

此时，条件句的前件中依然含有 SDRS 等待消解，根据规则还要在可及关系路径中搜寻恰当的先行语。从图中可以看到，预设 DRS 无法找到合适的先行语，因而要在主 DRS 中接纳它；接纳后得到的结果即：

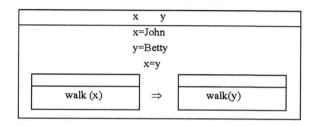

这时再来看消解操作最后得到的预设，"x = y" 意味着约翰·史密斯和贝蒂·史密斯是同一个人。克里普克认为，任何一个语言思维正常的人都不会说出（2）这样的话语，（2）显然是违背直觉的表达。根据范德森特的理论，（2）这句话预设"约翰·史密斯和贝蒂·史密斯是同一个人"，也就是说，只有"约翰和贝蒂是同一个人"这一预设成立，才能使得这句话得到正常理解。然而，在日常生活中人们一般不会用两个不同的专名去指称同一个人，除非这是一个众所周知的事实。范德森特的思想作出的解释正好和克里普克的质疑一致，说明这句话本身表达存在问题。

通过以上论述可以看出，范德森特的预设作为回指词理论，利用代词回指消解的方法成功地分析了条件句中子句预设的详细投射情况。在预设消解的约束操作下，子句的预设不能投射到整个复合表达式，而接纳操作时子句的预设可以成功投射。另外需要注意的是，范德森特在文献中只探讨了专名和限定摹状词触发预设的情况，并对这种存在预设进行投射分析，这种情况下投射问题相对简单，得出的结论能够清晰看出子句的预设是否成功投射。然而，自然语言纷繁复杂，人们常常会遇到预设中还嵌套预设的情形，比如克里普克以上的两个实例都是复杂预设的情况；在这种情形下，我们根据范德森特的思想进行的预设分析，或许得到的是投射的扩展概念。具体来说，子句的预设经过投射后，或许会比之前增加更多的语义信息，在某种程度上说我们得到的是加强了的预设。因此，将预设作为回指词的这种研究视角将投射问题局部化，更加贴近于人们理解自然语言的过程。

第五章　分层话语表现理论的研究方案

一　话语表现理论违反组合性的质疑

相比较于蒙太格语法来说，标准话语表现理论虽在处理驴子句时有优势，但其句法和语义在许多研究者看来都不够完善。泽万特（Zeevat）认为，话语表现理论不如蒙太格语法一样拥有精确的"语法"，这里的语法是指符合组合性的、具有数理精确的形式化特征的系统。L. T. F. Gamut 指出，标准话语表现理论采用真值条件语义学显得语义过于狭窄，导致话语表现理论的框架出现违反组合性的实例。关于从自然语言到逻辑表达式是否存在严格的"句法—语义"对应，蒙太格语法已经做得很好，逐步建立起每个句法成分的语义，然后将每个成分的语义组合起来，构成更大成分的语义。话语表现理论则无法为每个句法成分都提供一个语义，然后将这些成分的语义组合起来。

具体来说，在句子层面之下，不是每个表达式都对应特定的话语表现结构，有的对应话语表现结构中的条件。从计算的角度来讲，如果不能为每个成分指派特定意义，那么便无法从较小成分计算出较大成分的意义。在句子层面之上，自然语言往往以句子序列方式呈现，如何从句法—语义对应的角度为句法上确认的成分指派相应的话语表现结构，标准话语表现理论都无法回应。标准话语表现理论展现了它动态的一面，却忽视了语义可计算等重要性质。从组合性角度严格审视，话语或篇章分别缺乏特定句法成分和语义类型。详细来说，针对已经处理过的较小话语或篇章，没有相对应的话语表现结构作为语义，也没有相应的句法成分来区分不同范畴的成分。从另一个层面的对应来说，即从话语表现结构到话语表现结构本身的解释上也存在问题。由于话语表现理论最初的句法构造的特殊性，分为话语表现结构 DRS 和话语表现结构 DRS 条件两部分。DRS 与 DRS 条件不像谓词逻辑合式公式那样，由初始合式公式生成复杂合式公式。DRS 不是由简单的 DRS 组成的，而是由 DRS 条件组成的，DRS 条件由原子 DRS 条件和逻辑联结词加 DRS 构成复杂 DRS 条件构成。这样的 DRS 和 DRS 条件二分的情形导致 DRS 本身的构造无法满足组合性。关于组合性问题，学界已有的解决方案是从自然语言的句法结构及中间层的句法结构连同中间层的语义解释入手，规范梳理句法—语义对应问题。标准话语表现理论的构造无法为自然语言提供组合的语义表征，这是话语表现理论违反组合性的主要问题所在。在标准话语表现理论刚提出的时候，甚至有学者认为它无法为自然语言片段提供一个组合的分析。

（一）句法构造的组合性问题

句法上的非组合特征，主要是指标准话语表现理论作为一种语言，其句法不具备像经典逻辑那样的递归性。经典逻辑是由项生成公式，简单公式经由联结词和量词生成新的复杂公式。而标准话语表现理论则在条件与 DRSs 之间存在"穿梭"，一个话语表现结构 DRS 由一些 DRS 条件加上话语所指构成，而某些复杂的条件可以由联结词加上某个 DRS 构成。DRSs 与 DRSs 条件之间的这种互相构成的特征导致标准话语表现理论作为一种语言，其句法构造不同于经典逻辑，在经典逻辑那里是有着初始的符号，然后这些符号经由一些规则一步步构造出更为复杂的公式。在话语表现理论框架内，DRSs 与 DRSs 条件的二元分割又互为构成成分，可以形成"DRS，DRS 条件，新 DRS，新 DRS 条件…"这样的局面，而理论上可以无穷延展。下面通过具体介绍 DRS 的句法来说明这一点。

一个话语表现结构 DRS 可以看作一个序对⟨U，C⟩，其中 U 是参考标记的（有穷、可能为空的）集合，C 是条件的（有穷、可能为空的）集合。这里的条件可以是原子条件也可以是复杂条件。而复杂条件是由 DRS 加联结词形成的，因此，DRS 的定义和条件的定义应该相互照应给出。下面用小写希腊字母 φ 和 ψ 遍历条件，用大写希腊字母 Φ 和 Ψ 遍历 DRS。

定义：

（1）如果 P 是 n 元谓词常元，t_1，…，t_n 是项，那么 P（t_1，…，t_n）是一个条件；

（2）如果 t 和 t′是项，那么 t = t′是一个条件；

（3）如果 Φ 是一个 DRS，那么¬Φ 是一个条件；

（4）如果 Φ 和 Ψ 都是 DRS，那么（Φ→Ψ）是一个条件；

（5）如果 Φ 和 Ψ 都是 DRS，那么（Φ∨Ψ）是一个条件；

（6）如果 x_1，…，x_n 是参考标记（n≥0），并且 ϕ_1，…，ϕ_m 是条件（m≥0），那么⟨{x_1，…，x_n}，{ϕ_1，…，ϕ_m}⟩是一个 DRS；

（7）除了根据上面原则生成的 DRS 和条件，没有其他 DRS 或条件。

根据条款（1）和（2）可以形成原子条件，这里的原子条件和谓词逻辑中的原子公式大致相同。根据条款（3）—（5）可以形成由否定、蕴涵和析取等组成的复杂条件。在谓词逻辑中，否定、蕴涵和析取等算子作用于公式，进而形成更复杂的公式；而在这里，它们作用于 DRS 形成更复杂的条件。只有依据条款（6）才能形成 DRS。

这里值得注意的是，一个 DRS 的参考标记集起到量化机制的作用。

在 DRS 的（原子或复杂）条件中自由出现的参考标记受到这个量化机制的约束，并且参考标记集合的约束力比谓词逻辑中量词的约束力更强。这是因为，量词只能约束它们辖域内的变元，而在这里参考标记集却能跨出其在谓词逻辑看来应该具有的管辖范围而约束后续的成分。如果我们把 DRS ⟨U，C⟩中标记集 U 在谓词逻辑看来的管辖范围等同于 C 中的条件，那么集合 U 能约束它辖域之外的标记。当⟨U，C⟩是复杂条件⟨U，C⟩→⟨U′，C′⟩的前件时，U 便能约束⟨U′，C′⟩中的标记。即假如标记 x ∈U 在后件 ⟨U′，C′⟩ 中自由出现，则这个出现被前件中的集合 U 所约束。这个变元约束概念更普遍，它是话语表现理论的一个本质特征，是处理驴子句的核心，即能使蕴涵结构前件中的非限定性词项与其辖域之外、处于后件中的代词回指性地连接起来。

在前面定义的 DRS 语言中，这个更灵活的约束的概念被限制在蕴涵式上。在析取式中就不太可能出现一个析取支的标记集去约束另一个析取支中标记的情况。相似的，否定辖域内的标记集对于否定之外的标记也没有约束力。当然，这里我们在不太正式的情况下讨论的 DRS 的约束性质是受 DRS 的语义影响的。

鉴于这样的句法构造，在给出语义的时候，无法像经典逻辑那样，通过计算子表达式来计算一个复杂表达式的语义，因为一个 DRS 的"子成分"都可能不是 DRS，而是 DRS 条件；而这些 DRS 条件并不能作为那个 DRS 的"部分"，因为在话语表现理论框架内是无法为 DRS 确定其部分的。就像范·艾杰克和汉斯·坎普所说，如果要问一个 DRS （ $\{v_1，\cdots，v_n\}$，$\{C_1，\cdots，C_n\}$ ）的构成部分是什么，答案是这个 DRS 没有部分。[①] 当然，这是在标准话语表现理论框架内的回答。这就表明，虽然直觉上一个 DRS 由话语所指集和条件构成，但是话语所指集

---

① J. Eijck, H. Kamp, "Discourse Representation in Context", in Johan van Benthem and Alice ter Meulen（eds.）, *Handbook of Logic and Language*, Second Edition, London: Elsevier, 2011, p. 203.

与条件并不是组合性所要求的"部分"，在标准话语表现理论框架中没有定义出"部分—整体"（part-whole）关系。在探讨组合性的时候，必须给出"部分—整体"关系，这样才能说一个系统遵循组合性。然而，有人会说，完全可以给出"部分—整体"关系，基于这个关系探讨标准话语表现理论的组合性，但这样做其实是在修正的系统中进行的讨论①，而不是标准话语表现理论框架内所给出的。

（二）语义解释的组合性问题

在经典文献中，通常出现的一个例子便是与否定相关的句子序列，如下面的（1）和（2）。这一组句子的真值条件相同，然而所表达的实质内容却存在差异。特别是在语篇中，二者对于后续句子的贡献是不一样的。如果仅仅用真值条件来刻画（1）和（2）的意义，那么便无法细致区分二者的差异。并且，将意义看作真值条件，则会出现这样的情况：构成（6）和（7）的每个部分的意义相同，然而（6）和（7）作为整体其意义却不同；这与组合性矛盾。组合性要求，一旦部分的意义确定了，部分的组合方式确定了，整体表达式的意义便确定了。这就是说，如果两个表达式的部分的意义一样，而组合方式的意义也相同，整体表达式的意义便应该相同。正如下面的例子所阐释的，取真值条件作为意义使得（6）和（7）出现违反组合性的情形。下面通过实例具体阐释这个现象是如何发生的。

通常来说，模型论语义学的出发点之一是将意义看作表达式的真值条件。标准话语表现理论中为 DRS 定义的真值概念为 DRS 提供了真值条件，并用一种间接的方式，通过 DRS 重构为自然语言句子和会话提供了真值条件。

---

① H. Zeevat, "A Compositional Approach to Discourse Representation Theory", *Linguistics and Philosophy*, Vol. 12, 1989, pp. 95 – 131.

考虑下面的这对例子：

（1）A man walks in the park.（一个男人在公园里散步。）

（2）Not every man does not walk in the park.（不是每一个男人都不在公园里散步。）

（1）和（2）对应的 DRS 分别是（3）和（4）：

（3）⟨ {x}，{MAN（x），WALK IN THE PARK（x）}⟩

（4）⟨∅，{¬（⟨ {x}，{MAN（x）}⟩ →¬⟨∅，{WALK IN THE PARK（x）}⟩）}⟩

根据我们的缩写习惯，（4）可以写作：

（5）¬（ ⟨ {x}，MAN（x）⟩ →¬WALK IN THE PARK（x））

通过计算便可看到（3）和（4）在话语表现理论中的确有同样的真值条件，正如他们在谓词逻辑中对应的公式也具有相同的真值。因此，如果我们将逻辑意义等同于真值条件，我们应该得到这样的结论：（1）和（2）有同样的逻辑意义。

另外，我们考虑一下如果（1）和（2）都带上"*He whistles*"会发生什么事情。（1）和（2）增加"*He whistles*"后，我们得到下面两个会话：

（6）A man walks in the park. He whistles.（一个男人在公园里散步。他吹着口哨。）

（7）Not every man does not walk in the park. He whistles.（不是每一个男人都不在公园里散步。他吹着口哨。）

可以看出，（6）和（7）是有差异的，只有（6）可以把第二个句子中的代词回指解释为第一个句子中的项。（6）和（7）的 DRS（8）和（9）能够反映这一事实：

（8）⟨ {x}，{MAN（x），WALK IN THE PARK（x），WHISTLE（x）}⟩

（9）⟨∅，{¬（ ⟨ {x}，{MAN（x）}⟩ →¬⟨∅，{WALK IN THE

PARK（x）⌉〉），WHISTLE（x）⌉〉

（9）可以简化为：

（10）⌈¬（〈⌈x⌉，⌈MAN（x）⌉〉→¬WALK IN THE PARK（x）），
WHISTLE（x）⌉

DRS（9）有一个空的标记集，（8）的标记集为非空集｛x｝。正是这个不同解释了二者的区别：在（6）中，第二个句子的代词能回指连接到第一个句子中的不定项，而在（7）中这样的回指关系是不可能的。因为在（9）中，标记集｛x｝是处于其条件集内部的条件，它不能约束其他条件中的变元 x，这里指该集合中的 WHISTLE（x）。

尽管（1）和（2）有同样的真指条件，即同样的逻辑意义，（6）和（7）的区别说明这两句话在话语中扮演不同的角色，带有不同的话语意义。因此，为了能说明这个差别，最基本的问题是句子（1）和（2）具有不同的话语性质、对应不同的 DRS。

通过分析，可以再进一步得出一个结论，即话语表达层在语义计算上是一个核心层或本质层，它可以区分出细微的语义差别。如果句子（1）和（2）的 DRS（3）和（4）不同，但是它们的逻辑意义是相同的，那么说明它们只是在"形式上"存在区别而并不存在真假等实质内容方面的差异，它们作为语义表征不同只能说明它们在所谓的"会话行为"中的差异。话语表现理论的特色便是通过 DRS 构造规则将 DRS 与句子序列联结起来，这是话语表现理论进行语义解释的一个基本要旨，这种解释方法貌似无法抛弃。

然而，得出这个结论却与组合原则——蒙太格语法的根本原则——不一致。现在面临的问题是，话语表现理论是一个非组合的语义理论。按照这个反例来说，组合原则被驳倒了，在经验事实面前，组合性仅仅遭到了事实的排斥。但是，假定组合性是一个方法论原则，则我们总能找出一种方法以组合的方式构建某个语义理论。下面从组合原则自身出发，寻找解决问题的办法。组合原则要求，凡是部分的意义与组合方式

的意义相同，整体表达式的意义便相同了；但假如部分的意义或组合方式的意义不同呢？假如部分的意义不同，即上面的（6）和（7）这两个会话的"意义"不同，构成整体表达式的意义存在差异也便不违反组合性。沿着这个思路来作具体分析，（6）和（7）都是由两个句子组成的简单序列，并且第二个句子是一样的。因此，假如要使两个会话的意义不同，则组合原则要求（6）和（7）的第一个句子的意义存在差异。但是，它们的真值条件是相同的。出路在于，我们想找的意义不在它们的真值条件中。既然不能在真值条件中寻找意义，则需要一个更精致的意义理论来区分上述差异。

此时我们便要考虑什么样的"意义理论"能将上述（6）和（7）两个会话之间意义的差异刻画出来这个问题。其实，在标准话语表现理论的语义理论中已经暗含所需要的意义理论了。在 DRS 的语义理论中，基本的递归概念是，一个赋值函数 h 是 DRS 相对于指派 g 的确认嵌入。而在话语表现理论的语义理论中，DRS 的"真值概念"却不是基本的递归语义概念，而是一个衍生的语义概念。在标准话语表现理论的语义定义中，DRS 的真值根据它的嵌入条件加以定义。例如，形如 $\Phi \rightarrow \Psi$ 等条件的真值是相对于 Φ 和 Ψ 的验证嵌入，而不是相对于它们的真值条件来定义的。

因此，假如基于组合原则加以解释，话语表现理论真正想说明的是，一个句子或者话语的意义不能与它的真值条件等同，其意义存在于嵌入条件中。事实上，两个 DRS 即使在二者的嵌入条件不同时也可能有同样的真值条件。因此，没有什么经验主义的原因促使我们放弃组合性原则。恰恰是组合性原则引导我们得到一个重要结论：我们真正需要的，是一个更加丰富的意义概念和意义理论，而不是真值条件语义学。

二　范·艾杰克和汉斯·坎普等学者对 DRT 的改造

由于话语表现理论在自然语言和模型论解释之间存在一个 DRS 结构层，即话语表现结构，所以话语表现理论的组合性问题归结为从自然语言到话语表现结构要存在句法—语义对应，然后从话语表现结构到模型论语义学也要遵循句法—语义对应。这便是标准话语表现理论的问题所在，即两方面都需要从组合性角度进行审视。标准话语表现理论这两个方面都没有做到，因而无法得到一些重要的性质，比如自下而上的组合，以及构建一个完善的推理系统。由于标准话语表现理论不是理想的语言，因此可采用它的改进版本作为语义表征层。针对话语表现理论组合性问题，范·艾杰克（Jan van Eijk）和汉斯·坎普（Hans Kamp）分别从自然语言到 DRSs，以及从 DRS 到模型论解释这两类对应问题进行翔实回应。① 下面先介绍如何改造标准 DRSs 来满足从 DRSs 到模型论解释遵循组合性。

（一）对话语表现结构的改造

范·艾杰克和汉斯·坎普按照一阶定义公式那样定义 DRS 及其合并，并采取恰当语义值保证 DRSs 句法与语义都遵循组合性：

令 A 是个体常项集，U 是话语所指集，给定一个谓词符号集并确定其元数，在下面的定义中，c 遍历个体常项集，v 遍历话语所指集，P 遍历谓词符号集。

定义 1（DRSs，*初始定义*）

项 $t_{::} = v \mid c$

---

①　J. Eijck, H. Kamp, "Discourse Representation in Context", in Johan van Benthem and Alice ter Meulen（eds.），*Handbook of Logic and Language*，Second Edition，London：Elsevier，2011，pp. 181 – 252.

DRSs 条件 C∷＝T ｜ $Pt_1 \cdots t_k$ ｜ $v \doteq t$① ｜ $v \neq t$ ｜ $\neg D$

DRSs D∷＝（$\{v_1, \cdots, v_n\}$，$\{C_1, \cdots, C_m\}$）

定义 1 只是表明，DRS 构造能像一阶逻辑语言那样遵循组合性，后面根据需要还会进行变更。为了讨论的方便，我们会使用一些缩写形式，比如：

（$\{v_1, \cdots, v_n\}$，$\{C_1, \cdots, C_m\}$）$\Rightarrow D$ 是 $\neg$（$\{v_1, \cdots, v_n\}$，$\{C_1, \cdots, C_m, \neg D\}$）的缩写形式。

这种缩写形式要表达的意思是，当出现 "$\neg$（$\{v_1, \cdots, v_n\}$，$\{C_1, \cdots, C_m, \neg D\}$）" 记法的时候，通常记为 "（$\{v_1, \cdots, v_n\}$，$\{C_1, \cdots, C_m\}$）$\Rightarrow D$"。再比如：

方框形式的 DRS：

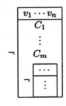

会缩写为：

DRSs 条件可以是原子、回指链和复杂 DRS 条件。由上述缩写可以看出，复杂 DRS 条件可能是否定式或蕴涵式。因为，蕴涵式可以由否定式定义出来。从这种意义上来说，所有复杂 DRS 条件都可以是否定式。一个原子指的是 T 或者谓词符号与项生成的形如 $Pt_1, \cdots, Pt_k$ 的表

---

① "$\doteq$" 表示对象语言中的等词，以区别于元语言中的 "＝"。

达式。"回指链"指的是像 $v \doteq t$ 或 $v \neq t$ 这样的表达式。复杂 DRS 条件的条款运用了递归形式：一个复杂条件的形式为¬D，而 D 本身又是一个话语表现结构。

范·艾杰克和汉斯·坎普先给出话语表现结构的静态真值定义，然后通过实例引出组合性问题，进而给出动态语义。

一个一阶模型 M = ⟨A，I⟩ 被称为一个 DRS D 的恰当模型，条件是 I 将 n 元谓词符号映射为 A 上的 n 元关系，将回指链中出现的个体常项映射到 A 中的某个成员，并且模型 M 同样也是 D 中复杂条件中的 DRS 的恰当模型。

令 M = ⟨A，I⟩ 是 DRS D 的恰当模型，模型上的指派 s 将 U 中的话语所指映射到模型论域中的元素。项的赋值由 M 和 s 共同决定，通过函数 $V_{M,s}$ 来定义：

$$V_{M,s}(t) = \begin{cases} I_M(t)，如果 t 是个体常项 \\ s(t)，如果 t 是话语所指 \end{cases}$$

在下面的定义中，将使用 s [X] s′ 表示 s′ 与 s 是一致的，除了关于 X 中成员的指派之外。

定义 2（指派确认 DRS）

一个指派 s 在模型 M 中确认一个 DRS D = ({v_1, …, v_n}, {C_1, …, C_m}) 是指，存在一个指派 s′，满足 s [{v_1, …, v_n}] s′，并且在模型 M 中 s′ 满足 {C_1, …, C_m} 中的所有成员。

定义 3（指派满足 DRS 条件）

1. s 在模型 M 中总是满足 T

2. s 在模型 M 中满足 Pt_1, …, Pt_n 当且仅当 ⟨$V_{M,s}(t_1)$, …, $V_{M,s}(t_n)$⟩ ∈ I (P)

3. s 在模型 M 中满足 $v \doteq t$ 当且仅当 s (v) = $V_{M,s}(t)$

4. s 在模型 M 中满足 v≠t 当且仅当 s (v) ≠ $V_{M,s}(t)$

5. s 在模型 M 中满足¬D 当且仅当 s 在模型 M 中不确认 D

条款 3 中可能存在这样的问题，即不区分对象语言与元语言中的符号。虽然系统中偶尔会出现符号一样的现象，但是只要头脑中始终作出区分便可。

定义 4

一个 DRS D 在模型 M 中是真的当且仅当存在一个指派在模型中确认这个 D。

根据定义 4，（｛x｝，｛Pxy｝）在模型 M 中是真的当且仅当（｛x，y｝，｛Pxy｝）在模型 M 中是真的。也就是说，自由变元获得存在量化解释。[①]

就表达力来说，话语表现理论与一阶逻辑的表达力是相同的。事实上，从 DRS 到谓词逻辑公式的翻译是很容易做到的。假定话语所指的功能是谓词逻辑变元，原子和回指链条件与谓词逻辑中的原子公式对应，则可以给出从话语表现理论到一阶逻辑公式的翻译：

定义 5 （从话语表现理论到一阶逻辑的翻译）

1. 对于 DRSs：如果 $D = (\{v_1，\cdots，v_n\}，\{C_1，\cdots，C_m\})$，那么 $D^\circ := \exists v_1 \cdots \exists v_n (C^\circ_1 \wedge \cdots \wedge C^\circ_m)$

2. 对于原子条件（即原子或回指链情形）$C^\circ := C$

3. 对于否定情形：$(\neg D)^\circ := \neg D^\circ$

假定 $D_1 = (\{v_1，\cdots，v_n\}，\{C_1，\cdots，C_m\})$，蕴含式的翻译为：

4. $(D_1 \Rightarrow D_2)^\circ := \forall v_1 \cdots \forall v_n ((C^\circ_1 \wedge \cdots \wedge C^\circ_m) \rightarrow D^\circ_2)$

以下命题 6 很容易证明：

命题 6

在模型 M 中 s 确认 D 当且仅当 M，s $\models D^\circ$，其中 $\models$ 表示一阶逻辑中的满足概念。

---

① J. Eijck, H. Kamp, "Discourse Representation in Context", in Johan van Benthem and Alice ter Meulen (eds.), *Handbook of Logic and Language*, Second Edition, London: Elsevier, 2011, p. 199.

另外一个方向，即从一阶谓词逻辑到话语表现理论，也能做到保持意义的翻译。下面用 $\phi^{\cdot}$ 表示一阶逻辑公式 φ 对应的 DRS，$\phi_1^{\cdot}$ 和 $\phi_2^{\cdot}$ 分别是它的第一个成分和第二个成分。

定义 7（从一阶逻辑到话语表现理论的翻译）

1. 对于原子公式：$C^{\cdot} := (\varnothing, C)$

2. 对于合取公式：$(\phi \wedge \psi)^{\cdot} := (\varnothing, \{\phi^{\cdot}, \psi^{\cdot}\})$

3. 对于否定公式：$(\neg \phi)^{\cdot} := (\varnothing, \neg \phi^{\cdot})$

4. 对于量化公式：$(\exists v \phi)^{\cdot} := (\phi_1^{\cdot} \cup \{v\}, \phi_2^{\cdot})$

命题 8

$M, s \models \phi$ 当且仅当在模型 M 中 s 确认 $\phi^{\cdot}$，其中 $\models$ 是一阶逻辑中的满足概念。

前文介绍了一阶逻辑与话语表现理论的联系，下面要分析两者之间存在的差异。由相互翻译过程可知，二者的差异不在表达力上，而在于它们处理语境的方式上。下面通过具体的实例来说明这种新视角。

（1）Someone did not smile. He was angry.

（2）Not everyone smile. * He was angry. [①]

如果不计时态问题，（1）的 DRS 表征应为：

（1）′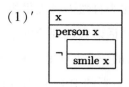

由（1）′的构造来看，（1）的第二个子句中的 he 能够回指到出现在方框顶端的 x，进而达到消解的效果。但是（2）的情况却跟（1）不同，这可以通过（2）的 DRS 看出。

---

① "*"表示第二个子句中的代词无法回指到前面名词短语。

(2)′

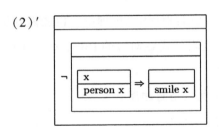

在 (2)′中, (2) 第二个子句中的 he 找不到合适的先行语, 因而无法得到解释。从前面定义可知, (1)′和 (2)′的真值条件是相同的, 但是却存在 "语义" 上的差异。所以将语义视为真值条件是不合适的, 必须为它们指定更丰富的语义来充分表达 (1)′和 (2)′的不同。基本的思想存在于语境变化潜力中。其实, 产生上述差异的症结在于, (1)′为后续回指链创造了一个语境, 而 (2)′却做不到。范·艾杰克和汉斯·坎普由此得到的启发是, 采取真值条件作为 DRS 等的意义过于狭窄, 无法穷尽 DRSs 该有的意义, 应该改变标准话语表现理论所采取的意义。[①] 扩充的意义概念便是语境的变化潜力。

(二) DRS 的动态语义解释

话语表现理论被质疑违反组合性有两层含义, 第一层含义是指 DRS 构造本身不符合组合性, 即 DRS 句法到语义解释不能形成句法代数与语义代数。第二层含义是指, 话语表现理论无法为自然语言提供组合的语义表征。范·艾杰克和汉斯·坎普承认学界对话语表现理论的第二种指责是有道理的, 但认为第一种指责是不恰当的。[②] 针对第一种指责, 范·艾杰克和汉斯·坎普给出较第一部分中更清晰的 DRS 构造与语义

---

① J. Eijck, H. Kamp, "Discourse Representation in Context", in Johan van Benthem and Alice ter Meulen (eds.), *Handbook of Logic and Language*, Second Edition, London: Elsevier, 2011, p. 201.

② J. Eijck, H. Kamp, "Discourse Representation in Context", in Johan van Benthem and Alice ter Meulen (eds.), *Handbook of Logic and Language*, Second Edition, London: Elsevier, 2011, p. 202.

解释，以回应此问题。

所谓的更清楚的 DRS 构造是指，取消原有的 DRS 和 DRS 条件限制，并采取适当的合并算子，使得复杂 DRS 由简单 DRS 构造而成。而所谓的更清楚的语义解释是指，不仅让静态的语义解释能做到从 DRS 到模型论解释符合组合性，而且扩充了意义概念，采取更为丰富的意义概念，恰当表达了（1）′和（2）′体现出来的差异。下面先介绍他们关于 DRS 的静态语义部分的细化工作。

令"$\|\phi\|_M$"表示 ϕ 在模型 M 中的语义值，模型 M 中 DRS 的语义值用序对 $\langle X, F \rangle$ 表示，其中 X 是有穷的话语所指集，如果 U 表示整个话语所指集，则 $X \subset U$，而 F 是从话语所指到模型论域的指派集，即 $F \subset M^U$。

定义 9（DRSs 的语义）

$$\|(\{v_1, \cdots, v_n\}, \{C_1, \cdots, C_m\})\|_M := \langle \{v_1, \cdots, v_n\}, \|C_1\|_M \cap \cdots \cap \|C_m\|_M \rangle$$

此时要说明两点：一是将话语所指这种句法元素纳入语义值中的做法虽然不是很正统，但是的确有过先例。这一做法，维斯特斯塔尔（Westerstahl, 2004）使用过，最早能追溯到普特南（Putnam, 1954）。二是后面的指派集的交集涉及递归，当需要考察 DRS 条件 C_k 的语义值的时候，必须考察 DRS 条件的语义条款，而 DRS 条件的条款则有可能涉及 DRS 语义条款，当然这样的递归是有穷的。

定义 10（DRSs 条件的语义）

1. $\|P(t_1, \cdots, t_n)\|_M := \{s \in M^U \mid \langle V_{M,s}(t_1), \cdots, V_{M,s}(t_n)\rangle \in I(P)\}$

2. $\|v = t\|_M := \{s \in M^U \mid s(v) = V_{M,s}(t)\}$

3. $\|v \neq t\|_M := \{s \in M^U \mid s(v) \neq V_{M,s}(t)\}$

4. $\|\neg D\|_M := \{s \in M^U \mid$ 不存在 s' 使得 $s[X]s'$ 并且 $s' \in F\}$，其

中 $\langle X, F \rangle = \parallel D \parallel_M$

定义 9 和定义 10 与前面有关确认嵌入的定义可以联系起来，下面的命题可以刻画它们之间的内在关联：

命题 11

1. 在模型 M 中，s 确认 DRS D 当且仅当 $\parallel D \parallel_M = \langle X, F \rangle$，且存在一个指派 $s' \in M^U$，s $[X]$ s'，并且 $s' \in F$。

2. 在模型 M 中，DRS D 是真的当且仅当 $\parallel D \parallel_M = \langle X, F \rangle$，且 $F \neq \varnothing$。

由此可以看出，用语义值的方式表示 DRS 构造的语义解释是像一阶逻辑一样遵循组合性的。当然，一阶逻辑遵循组合性是经过调整才实现的，并且递归性不等于组合性。

下面进入动态语义步骤。

在给出动态语义之前，先给出另外一种构造 DRS 的方法，以方便探讨动态语义。当给出一个 DRS $(\{v_1, \cdots, v_n\}, \{C_1, \cdots, C_m\})$ 的时候，会遇到这样一个问题，这个 DRS 的部分是什么，它是原子的还是复杂的。若回答这个 DRS 是原子的，则不是彻底遵循组合性的，因为当给出该 DRS 解释的时候，很明显不是按照组合性的方式给出的。组合性面对原子表达式和复杂表达式的时候体现的是不一样的。组合地解释原子表达式体现在为每个原子表达式直接确定语义值，这是解释的基始，是后续复杂表达式解释要参照的条款。而很明显，当解释一个 DRS 的时候需要参考别的条款来进行。于是，泽万特（Zeevat，1989）提出了忽视 DRS 和 DRS 条件之间的区分，而将 DRSs 视为进一步构成 DRSs 的素材。

下面打破 DRS 和 DRS 条件之间的二分的传统，而都将原来的 DRS 条件同样视为 DRS，现给出的 DRS 句法如下：

定义 12（由原子 DRSs 构造复杂 DRSs）

1. 如果 v 是一个话语所指，那么 $(\{v\}, \varnothing)$ 是一个 DRS；

2. （∅，{T}）是一个 DRS；

3. 如果 P 是一个 n 元谓词，并且 t_1，…，t_n 是项，则 （∅， {P $(t_1$，…，$t_n)$}）是一个 DRS；

4. 如果 v 是一个话语所指，并且 t 是一个项，那么（∅，{v = t}）是一个 DRS；

5. 如果 v 是一个话语所指，并且 t 是一个项，那么（∅，{v ≠ t}）是一个 DRS；

6. 如果 D 是一个 DRS，那么（∅，¬D）是一个 DRS；

7. 如果 D =（X，C）和 D′ =（X′，C′）是 DRS，那么（X∪X′，C∪C′）是一个 DRS；

8. 其余的都不是 DRS。

很明显，这个句法系统定义的 DRSs 语言与之前的句法系统定义的语言是一样的。下面引入两个缩写，即用 – D 表示（∅，¬D），用 D ⊕ D′表示（X∪X′，C∪C′）。基于定义 12，DRSs 会产生所谓的结构含糊问题。比如，（{x}，{Px，Qx}）存在几个可能的构建过程：

1. （{x}，∅）⊕（（∅，{Px}）⊕（∅，{Qx}））

2. （{x}，∅）⊕（（∅，{Qx}）⊕（∅，{Px}））

3. （（{x}，∅）⊕（∅，{Px}））⊕（∅，{Qx}）

接下来给出的 DRS 语义确保了这些结构上的歧义是无害的：对应于⊕的语义操作是可交换的和可结合的。我们在语义上用⊕和 – 来对应 DRS 句法运算上的⊕和 –[①]：

〈X，F〉⊕〈Y，G〉:=〈X∪Y，F∩G〉

–〈X，F〉:=〈∅，{g∈M^U | ¬ ∃f∈F 使得 g [X] f}〉

基于这个定义，定义 12 对应的语义条款为：

---

① 这里我们用与语法运算相对应的名称来表达语义运算，只是重置了符号。

定义 13

1. $\| (\{v\}, \varnothing) \|_M := (\{v\}, M^U)$

2. $\| (\varnothing, \{T\}) \|_M := (\varnothing, M^U)$

3. $\| (\varnothing, \{P(t_1, \cdots, t_n)\}) \|_M := (\varnothing, \{f \in M^U \mid \langle V_{M,f}(t_1), \cdots, V_{M,f}(t_n) \rangle \in I(P)\})$

4. $\| (\varnothing, \{v = t\}) \|_M := (\varnothing, \{f \in M^U \mid f(v) = V_{M,f}(t)\})$

5. $\| (\varnothing, \{v \neq t\}) \|_M := (\varnothing, \{f \in M^U \mid f(v) \neq V_{M,f}(t)\})$

6. $\| -D \|_M := - \| D \|_M$

7. $\| D \oplus D' \|_M := \| D \|_M \oplus \| D' \|_M$

定义 13 为定义 12 定义出的 DRSs 提供了组合的模型论语义，并且定义 13 与定义 9 和定义 10 在如下意义上是等价的：

如果 $\| D \|_M = \langle X, F \rangle$，那么对于任意指派 s 来说，$s \in F$ 当且仅当，在模型 M 中 s 确认 D。

虽然定义 13 为 DRSs 提供了组合语义解释，即 DRS 的句法递归生成对应模型论的组合语义解释，但是，这里选取的语义还是真值条件语义。前面定义 2—3、定义 9—10 按照真值条件给出语义，这种语义被称为静态语义；按照表达式的语境变化潜力刻画意义被称为动态语义。为了表现 DRS 在语境更新方面的特点，而不仅仅给出真值条件，范·艾杰克和汉斯·坎普（2010）调整 DRSs 语义，由标准话语表现理论静态语义改为采取动态语义，将某个 DRS D 在模型 M 中的语义值看成话语表现结构 D 所决定的模型 M 上指派发生的变化，即 $s \| D \|_{s'}^M$，意在刻画该表达式对语境变化产生的影响。借用程序语言的术语，s 为输入指派，s′为输出指派，则有：

如果 $D = (X, C)$，那么 $s \| D \|_{s'}^M$ 当且仅当 $s[X]s'$ 并且 s′在模型 M 中确认 D。

由于上述定义中采取的 DRSs 合并符号 "$\oplus$" 是对称的，考虑到自然语言语序问题，应该采用不允许对称交换的运算来合并，用符号 $\oslash$ 来表示禁对称合并，此条款则有如下变更：

如果 $D = (X, C)$，$D' = (Y, C')$，那么 $D \oslash D' := (X, C \cup C')$ 是一个 DRS。

这个条款加上定义 13 中的其他条款，共同构成了由原子 DRSs 构造复杂 DRSs 的初步思路，然而 $\oslash$ 算子只将第一个 DRS 的话语所指集纳入复杂 DRS 中，舍弃后面 DRS 的话语所指集，这有合理之处，但也存在问题。在进一步解决 $\oslash$ 运算带来的问题之前，先给出这些句法条款对应的动态语义条款：

定义 14

1. $_s \| \; (\; \{v\}, \; \varnothing) \; \|_{s'}^{M}$ 当且仅当 $s [v] s'$

2. $_s \| \; (\varnothing, \; \{T\}) \; \|_{s'}^{M}$ 当且仅当 $s = s'$

3. $_s \| \; (\varnothing, \; \{P \; (t_1, \; \cdots, \; t_n)\}) \; \|_{s'}^{M}$ 当且仅当 $s = s'$ 并且 $\langle V_{M,s} (t_1), \; \cdots, \; V_{M,s} (t_n) \rangle \in I \; (P)$

4. $_s \| \; (\varnothing, \; \{v = t\}) \; \|_{s'}^{M}$ 当且仅当 $s = s'$ 并且 $s \; (v) = V_{M,s} \; (t)$

5. $_s \| \; (\varnothing, \; \{v \neq t\}) \; \|_{s''}^{M}$ 当且仅当 $s = s'$ 并且 $s \; (v) \neq V_{M,s} \; (t)$

6. $_s \| - D \|_{s'}^{M}$ 当且仅当 $s = s'$ 并且不存在 s'' 使得 $_s \| - D \|_{s''}^{M}$

7. $_s \| D \oslash D' \|_{s'}^{M}$ 当且仅当 $_s \| D \|_{s'}^{M}$ 并且 $_{s'} \| D' \|_{s'}^{M}$

值得注意的是条款 7，在这个条款中，DRS D' 是按照指派 s' 进行解释的，即解释第二个 DRS 要以解释第一个 DRS 为背景，或者说要按照第一个 DRS 确定的语境进行解释，这体现了动态性，也考虑到第二个 DRS 中会含有对代词的刻画，进而有能力处理回指照应现象。然而，由于 $D \oslash D'$ 舍弃 D' 的话语所指集，所以解释 D' 的输入指派和输出指派是一样的，即这个 DRS 不具有动态性。这个问题放到下面部分来解决。DRSs 的静态语义和动态语义之间的等价关系可以通过下面的命题体现出来：

命题 15

$\| D \|_M = \langle X, F \rangle$, $s [X] s'$, $s' \in F$ 当且仅当 $_s\| D \|^M_{s'}$。

（三）DRS 序列的合并

根据前文对 DRSs 的改造，使得每个 DRS 都能由原子 DRS 经由"−"和"⊘"组合而成，这样便将语序因子考虑在内了。这个禁对称在合并 DRSs 过程中将第二个 DRS 的话语所指丢弃，只保留第一个 DRS 的话语所指。这是因为，如果将第二个 DRS 的话语所指放到合并后的 DRS 话语所指集里，则意味着第二个 DRS 的话语所指集能"约束"第一个子句的话语所指，这违背了原来该有的可及关系与约束条款。① 虽然不能让第二个 DRS 的话语所指集放到合并后的 DRS 话语所指集中，但是舍弃第二个 DRS 的话语所指也有问题。

体现自然语言不对称现象的运算⊘相对于允许交换的运算符⊕更贴切，然而，丢弃第二个 DRS 的话语所指，会使第二个 DRS 的话语所指集为空，这意味着舍弃了 DRS 的动态效果，这并不令人满意。

为了解决这个问题，范·艾杰克和汉斯·坎普通过引入";"算子，借以表达有序的两个 DRSs 构成的 DRSs 序列之间的合并。引入";"算子，将导致取消 DRSs 和条件之间的差别，此举产生了以下语言，我们称其为原始 DRS 语言或 pDRSs 语言：

pDRSs $D ::= v \mid T \mid P(t_1, \cdots, t_n) \mid v \doteq t \mid \neg D \mid (D_1; D_2)$

在 pDRSs 语言中，话语标记本身便是一个原子的 pDRS，这与定义 12 不同。pDRSs 之间是通过考虑顺序的算子";"来合并的。基于 pDRSs 句法，话语所指与条件之间可以自由结合。由此句法定义可以看出，pDRSs 由话语标记、原来被称为原子条件的 DRSs、否定 DRSs，以及由 pDRSs 经由";"组合而成的复杂 pDRSs 构成。

---

① 可及性是处理代词消解问题的核心概念，通过它，代词找到先行语，确定其所指。

对比定义 12，pDRSs 条款中没有规定 $v \neq t$ 是 pDRS，但是可以将 $v \neq t$ 看作 $\neg v = t$ 的缩写形式。另外可以将 $D_1 \Rightarrow D_2$ 看作 $\neg(D_1; D_2)$ 的缩写。尽管按照 ";" 进行合并不是对称的，但它却是结合的。遵循结合律并不违反自然语言存在语序特性。例如，pDRS（D_1；D_2；D_3）可以是 [（D_1；D_2）；D_3]，也可以是 [D_1；（D_2；D_3）]。

假如继续沿着之前的语义解释，则会导致下述交换的语义条款：

定义 16（pDRSs 的交换的语义条款）

1. $\|v\|_M := \langle \{v\}, M^U \rangle$

2. $\|T\|_M := \langle \varnothing, M^U \rangle$

3. $\|P(t_1, \cdots, t_n)\|_M := \langle \varnothing, \{f \in M^U | \langle V_{M,f}(t_1), \cdots, V_{M,f}(t_n) \rangle \in I(P)\} \rangle$

4. $\|v \overset{=}{=} t\|_M := \langle \varnothing, \{f \in M^U | f(v) = V_{M,f}(t)\} \rangle$

5. $\|\neg D\|_M := - \|D\|_M$

6. $\|D; D'\|_M := \|D\|_M \oplus \|D'\|_M$

定义 16 中对 ";" 的这种解释，可能会使得 pDRSs 的合并变成一种不恰当的交换操作。比如按照交换的语义解释，会将下面（3）对应的 pDRS（3）′ 和（4）对应的（4）′ 合并成（5）进行解释。

（3）A man entered.

（4）A boy smiled.

假如它们的 DRS 分别是

（3）′

```
        x
    man（x）
    enter（x）
```

(4)′

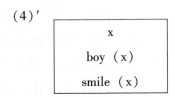

(5)

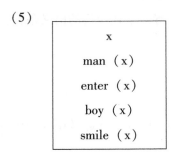

(6)

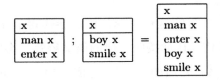

语义条款第 6 条是说，将 D_1；D_2 解释为（5）的语义值。具体来说，在交换的语义解释中，对 ";" 的解释是把这个算子联结的 DRSs 的语义值进行 "合并"。在合并的结果集 $\langle X \cup Y,\ F \cap G \rangle$ 中，去除了重复部分，这种语义合并对应的句法操作便是（6），句法合并不计重复的话语所指，我们会将重复的话语所指集 {x, x} 按照 {x} 来解释。由于没有实施重命名策略，话语所指和 DRSs 条件都没有得到恰当处理。

针对这些问题，需要改变交换的语义解释。改良的方案是所谓的动态合并，即按照从左到右的顺序进行合并，这样的语义其实是关系语义：

$_s\|D_1\,;\,D_2\|^M_{s'}$当且仅当存在一个指派s''满足$_s\|D_1\|^M_{s''}$并且$_{s''}\|D_2\|^M_{s'}$

这个动态语义条款是基于这样的直觉进行解释的，即第一个 pDRS 参照初始语境 s 进行解释，解释完后产生新的语境 s''，这个新语境 s'' 是第二个 pDRS 的初始语境，解释完第二个 pDRS 之后产生的新语境为 s'。

如果我们将 ";" 的语义条款扩展到整个 pDRSs 语言，会遇到这样的问题，即原本被称为 DRS 条件的那些表达式不具有动态效果，总会产生 $s=s'$ 的现象。但这不会影响从动态视角做统一处理。下面的关系语义条款便是这些考虑的呈现[①]：

定义 17（pDRSs 的关系语义）

1. $_s\|v\|^M_{s'}$当且仅当 $s\,[v]\,s'$

2. $_s\|T\|^M_{s'}$当且仅当 $s=s'$

3. $_s\|P\,(t_1,\cdots,t_n)\,\|^M_{s'}$当且仅当 $s=s'$并且$\langle V_{M,s}\,(t_1),\cdots,V_{M,s}\,(t_n)\rangle \in I\,(P)$

4. $_s\|v\doteq t\|^M_{s'}$当且仅当 $s=s'$并且 $s\,(v)=V_{M,s}\,(t)$

5. $_s\|\neg D\|^M_{s'}$当且仅当 $s=s'$并且不存在 s''满足$_s\|D\|^M_{s''}$

6. $_s\|D_1\,;D_2\|^M_{s'}$当且仅当存在一个指派 s'' 满足$_s\|D_1\|^M_{s''}$并且$_{s''}\|D_2\|^M_{s'}$

pDRSs 的真值概念以及定义 17 与其静态版本的关系可以给出，这里从略。按照定义 17，（7）和（8）具有同样的语义：

（7）x；y；man x；woman y；love (x, y)

（8）x；man x；y；woman y；love (x, y)

① J. Eijck, H. Kamp, "Discourse Representation in Context", in Johan van Benthem and Alice ter Meulen（eds.）, *Handbook of Logic and Language*, Second Edition, London：Elsevier, 2011, p. 210.

假如用方框形式表征，则（7）和（8）共同的方框形式表征为：

（9）

$$
\begin{array}{|l|}
\hline
x \quad y \\
man \ (x) \\
woman \ (y) \\
love \ (x, y) \\
\hline
\end{array}
$$

上述将（7）和（8）用方框形式表征是合适的，正确地表达了二者的含义。但是，存在另外一些实例表明，方框形式并不适合定义 17 给出的关系语义。也就是说，用";"进行句法合并运算，要比方框形式定义 pDRSs 句法更合适。存在一些方框形式区分不出的情形，用";"形式却能区分出。比如，下面的（10）和（11）按照方框形式是无法区分的；但是按照";"进行合并，用定义 17 给出语义，便能区分。

（10）x；man x；dog y；y；woman y；love（x，y）

（11）x；y；man x；dog y；woman y；love（x，y）

如果要用方框形式表示，则（10）的方框形式为（11）：

x	y
man（x）	woman（y）
dog（y）	love（x，y）

这个非标准的方框表征要区分两个 y 的不同出现，第一次出现是在话语所指标准方框形式视角下 x 约束范围内的 y，另一次是出现在标准方框形式视角下 y 的约束范围内的 y。这两种 y 的出现是不同的，这种同一变元的不同出现的情况无法通过标准方框形式进行区分，但是用";"及定义 17 却能表达出其确切含义。然而，经过大量的实例检验，

却发现定义 17 给出的这种区分也存在问题，这个问题被称为"破坏性指派"（destructive assignment）问题。① 破坏性指派是指，在新话语所指 v 引入之后，它之前的值会丢失，进而按照新的指派赋值。这是定义 17 的特色，也是方框形式与序列标准不匹配的根源解释，同时还是交换语义与关系语义的分歧所在。

为了进一步讨论 pDRSs 的序列合并问题，pDRSs 中话语所指的不同种类可以作出详细分类。在经典逻辑中，话语所指所使用的变量可以有两种出现方式：自由变元和约束变元。以 DRT 为基础的动态逻辑中，我们可以将话语所指划分为三类：

1. 由更大语境确定所指的话语所指；

2. 当前语境所引入的话语所指；

3. 在附属语境中出现的话语所指。

关于这三种话语所指，第一种被称为标记的固定出现（fixed marker occurrences），第二种被称为新引入的标记的出现（introduced marker occurrences），第三种被称为经典的约束标记（classically bound marker）。这三类话语所指的划分涉及标准话语表现理论中 DRS 与 DRS 条件直接隶属关系问题。直观来说，在标准话语表现理论中，所谓更大语境是指方框较大的 DRS 中的话语所指。当然，在 pDRSs 语言中，方框形式显得不太合宜，但这里的更大语境往往是指在前的语句所确定的语境。如果非要将这三类话语所指跟经典逻辑中的变元相对应，那么第一种大致对应于经典逻辑中的自由变元，第三种大致对应经典逻辑中的约束变元。第二种话语所指不同于经典逻辑中的变元使用情形，它们体现出语境变化潜力。虽然在经典逻辑中找不到与第二种话语所指对应的变元，

---

① J. Eijck, H. Kamp, "Discourse Representation in Context", in Johan van Benthem and Alice ter Meulen (eds.), *Handbook of Logic and Language*, Second Edition, London: Elsevier, 2011, p. 211.

但是可以在程序语言中找到恰当的匹配①：

1. 第一种话语所指对应于计算机可读存储中的变元；

2. 第二种话语所指对应于计算机写存中的变元；

3. 第三种话语所指对应于计算机临时存储中的变元。

这种对应可以这样理解，第一类话语所指需要回溯到前面某个话语所指来确定这个话语所指的指称，这就好像计算机硬盘中调用程序与数据来完成某个指令一样。第二类话语所指是当前语境添加进去的，它体现出语境的扩充，相对于之前较小语境来说，它所体现出的变化恰恰是表征了自然语句之间的相互关联，而不是孤立不相关的。这种跨语句的关联，正是通过这种当前引入的话语所指刻画当前的语句信息，然后借助于从先前的语句继承来的信息，来确定当前话语所指的指称。当前的语句信息具体来说是当前引入的话语所指或当前新引入的话语所指在解释时所产生的新指派。之前的话语所指加上当前引入的话语所指，构成新的更大的语境。这一方面体现出语言的凝聚性，即跨语句间存在回指照应等的关联；另一方面，体现出不同于经典逻辑的刻画机制，即动态表征。

pDRSs 中固定出现的那些话语所指或标记用函数 fix 来收集，fix：pDRSs→PU；当前引入的话语所指集由函数 intro 收集，intro：pDRSs→PU；那些被称为经典约束出现的话语所指由函数 cbnd 收集，cbnd：pDRSs→PU。在定义这些函数之前，先给出函数 var，用于收集在标准话语表现理论中被称为原子条件的 pDRSs 中的标记：

定义 18

$\text{var}\ (P\ (t_1,\ \cdots,\ t_n))：= \{t_i\ |\ 1 \leqslant i \leqslant n,\ t_i \in U\}$

---

① J. Eijck, H. Kamp, "Discourse Representation in Context", in Johan van Benthem and Alice ter Meulen (eds.), *Handbook of Logic and Language*, Second Edition, London：Elsevier, 2011, p. 212.

定义 19

$$\text{var}\ (v \doteq t):= \begin{cases} \{v,\ t\} & \text{如果 } t \in U \\ \{v\} & \text{如果 } t \in A \end{cases}$$

定义 20（函数 fix、intro、cbnd）

1. fix（v）: = $\varnothing$, intro（v）: = ｛v｝, cbnd（v）: = $\varnothing$

2. fix（T）: = $\varnothing$, intro（T）: = $\varnothing$, cbnd（T）: = $\varnothing$

3. fix（P（t_1, ⋯, t_n））: = var（P（t_1, ⋯, t_n））

   intro（P（t_1, ⋯, t_n））: = $\varnothing$,

   cbnd（P（t_1, ⋯, t_n））: = $\varnothing$

4. fix（v $\doteq$ t）: = var（v $\doteq$ t）, intro（v $\doteq$ t）: = $\varnothing$, cbnd（v $\doteq$ t）: = $\varnothing$

5. fix（¬D）: = fix（D）, intro（¬D）: = $\varnothing$, cbnd（¬D）: = intro（D）∪cbnd（D）

6. fix（D_1；D_2）: = fix（D_1）∪（fix（D_2）– intro（D_1））

   intro（D_1；D_2）: = intro（D_1）∪intro（D_2）

   cbnd（D_1；D_2）: = cbnd（D_1）∪cbnd（D_2）

值得注意的是，第 6 条中 fix（D_1；D_2）: = fix（D_1）∪（fix（D_2）– intro（D_1））之所以要减去 intro（D_1）是因为 intro（D_1）对 D_2 来说是固定出现，但对（D_1；D_2）来说不是固定出现，所以要从 D_2 的固定出现的标记中减去。

下面会用到这样一个术语，它在预设话语表现理论中也使用过，即某个 DRS 中活动的、活跃的（active）那些标记，指的是那些可能对后续话语所指起到约束作用的标记，它们包括这个 DRS 中固定出现的话语所指并上这个 DRS 新引入的话语所指，即 activ（D）= fix（D）∪ intro（D）。

那些在标准话语表现理论中被称为条件的集合由函数 cond 收集，即 cond：pDRSs→P（pDRSs）：

定义 21（函数 cond）

1. cond（v）：= $\varnothing$

2. cond（T）：= $\{T\}$

3. cond（P（t_1，…，t_n））：= $\{P（t_1，…，t_n）\}$

4. cond（v = t）：= $\{v = t\}$

5. cond（¬D）：= $\{¬D\}$

6. cond（D_1；D_2）：= cond（D_1）$\cup$ cond（D_2）

如果一个 pDRS D 中当前引入的话语所指与相对于该 DRS 来说固定出现的那些话语所指有交集，则会回到前面提到的合并问题，如例（3）′、（4）′、（10）等体现出来的话语所指不同出现的现象。像"Px；x；Qx"这样引入的话语所指与固定出现的标记交集非空的现象，现在可以用已有的工具将这一问题刻画为：intro（D）$\cap$ fix（D）$\neq \varnothing$。还存在同一话语所指多次被引入现象，如"x；Px；x；Qx"也符合上述条件。

如果一个 pDRS 并非"Px；x；Qx""x；Px；x；Qx"这种情形，则称之为合适的或称之为一个 DRS：

定义 22（DRSs）

1. 如果 v 是一个话语所指，那么 v 是一个 DRS；

2. T 是一个 DRS；

3. 如果 P 是一个 n 元谓词，并且 t_1，…，t_n 是项，则 P（t_1，…，t_n）是一个 DRS；

4. 如果 v 是一个话语所指，并且 t 是一个项，那么 v = t 是一个 DRS；

5. 如果 D 是一个 DRS，那么¬D 是一个 DRS；

6. 如果 D_1 和 D_2 是 DRSs，并且（fix（D_1）$\cup$ intro（D_1））$\cap$ intro（D_2）= $\varnothing$，那么 D_1；D_2 是一个 DRS；

7. 其余的都不是 DRS。

关系到 DRSs 合并的条款 6 是说，要想使（D_1；D_2）成为这里定义的 DRS，必须满足的条件是：D_2 新引入的话语所指不能与 D_1 中引入的话语所指重合，也不能与 D_1 之前引入的话语所指重合，这样做的目的是保证 D_2 引入的话语所指是新的、不重名的。按照定义 22，像"Px；x；Qx""x；Px；x；Qx"都不是 DRSs。由此，可以得出这样的命题：

命题 23　对于所有的 DRSs D 来说，intro（D）$\cap$ fix（D）$= \varnothing$。

命题 23 蕴含这样的事实，即凡是按照定义 22 给出的 DRS，都满足 D；v 等价于 v；D。这是因为前面提到过，按照破坏性指派进行解释，在新话语所指 v 引入之后，它之前的值会丢失，进而按照生成的新指派进行赋值，这保证了不含重名话语所指的两个 DRS 的合并与它们的顺序无关。这意味着，按照定义 22 给出的 DRSs 都可以写成下面的方框模式而不改变意义，这就解决了"；"引入与方框表征形式存在差别的现象：

（12）

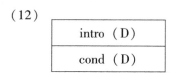

由定义 22 可以得知，如果一个 DRS D 的 intro（D）$\neq \varnothing$ 并且 cond（D）$\neq \varnothing$，那么 D 一定是"D_1；D_2"形式，其中（fix（D_1）$\cup$ intro（D_1））$\cap$ intro（D_2）$= \varnothing$。因为除了"D_1；D_2"形式外均不符合条件。像这样的情况，称 D 是 D_1 和 D_2 的简单合并。因此，定义 22 说明 DRSs 或者是具有如下（13）中的一种形式，或者是具有其中两种形式的合并。

（13）

| v | $\top$ | $Pt_1 \cdots t_n$ | $v \doteq t$ | $\neg D$ |

如果一个 pDRS 出现类似"Px；x；Qx""x；Px；x；Qx"这种情形，则需要对话语所指进行重命名，这类似于一阶逻辑中的字母易字，这里不阐述具体步骤，只提及这种合并的过程大致如下：

（14）

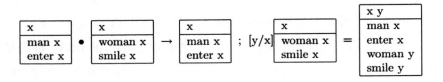

其实这种合并是不相交并，其中涉及标记重命名。到目前为止，范·艾杰克和汉斯·坎普关于 DRSs 的组合性思想阐述了"一半"。这里的一半是指，上述思想是关于 DRSs 及其合并如何遵循组合性，而不涉及 DRSs 如何组合地表征自然语言语义。通过以上分析可知，话语表现理论的构造本领可以如期望的那样遵循组合性，而且句法可以非常灵活。

三　格尤茨和梅雅的分层话语表现理论

既然话语表现理论经过改造后可以如期望的那样遵循组合性，而且句法可以灵活，那么我们就可以在话语表现理论框架下作形式语义分析。范德森特在话语表现理论框架下分析预设的投射问题，将预设作为回指词，把预设的投射看作与回指词消解类似的机制，为预设投射问题的解决做了非常有启发性的工作。随着研究的深入，众多学者发现范德森特方案存在一个问题，即在话语表现理论框架中被接纳的预设与原本话语断定部分无法区分。基于这一问题，克拉默提出，保留预设标记还是有必要的，预设层面和非预设层面的内容解释上还是存在差异的。举例来说，"法国国王是秃子"含有预设信息"法国有一位国王"，预设的失败使得整个句子无意义。但就断定层面来说，这个句子是假的，因为法国是君主制国家。同时，范德森特方案还存在组合性问题，仍需进一步优化。

克拉默为了区分断定部分和预设部分，为预设内容引入一个标记，将预设信息在高位被接纳，使预设获得不同于断定内容的解释。克拉默的这种方案在一定程度上顾及了组合性问题，但该方案在高位接纳预设时仍然将预设信息移出了预设的引入点。因而，这种牵涉到移位的操作在回归语言表层结构方面存在问题。① 另外，与此相关的另一个问题是，存在一大类不同于预设的表达式，典型的是规约含义，比如：

It is not true that Lance Armstrong, an Arkansan, won the 2002 Tour de France.

以上语句中的规约含义是由同位语触发的，即"兰斯·阿姆斯特朗是阿肯色州人"，投射出否定范围；虽与专名触发的预设类似，但规约含义表现出与预设不同的投射行为。这里，规约含义不是约束一个前件，它传递了一些像断定内容的新信息。

格尤茨和梅雅（B. Geurts & E. Maier）为了解决上述问题，提出了分层话语表现理论（Layered Discourse Representation Theory，简称LDRT）②，为区分不同层面的内容方面作出贡献。分层话语表现理论为每一个话语所指和条件指定一个标签集，表明信息在哪个层面进行解释。这些标签集能区分断定内容、预设内容和规约含义内容。通过实例来说明：

---

① J. Noortje, J. Bos, H. Brouwer, "Parsimonious Semantic Representations with Projection Pointers", In *Proceedings of the 10th International Conference on Computational Semantics*, IWCS, University of Potsdam, Potsdam, Germany, 2013, pp. 252–263.

② B. Geurts, E. Maier, "Layered Discourse Representation Theory", in A. Capone, F. Lo Piparo, M. Carapezza (eds.), *Perspectives on Linguistic Pragmatics. Perspectives in Pragmatics, Philosophy & Psychology*, *Vol. 2*, Springer, Cham, 2013.

Mike, a teacher, does not like Rose.

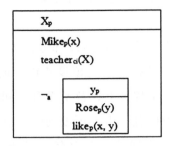

按照分层话语表现理论，给出这一语句的 DRS，其中下标 a 代表断定内容，下标 p 代表预设内容，下标 ci 代表规约含义。这一实例表明，可以通过加标的方式区分不同层面的内容，不同层面之间连接的纽带是话语所指。基于所有条件都有各自的标签，投射内容不需要移出引入点，可以留在原地，解释的时候分属不同层面。语句 "Mike, a teacher, does not like Rose" 中的预设信息为真，要求的真值条件是名字为 Mike 和 Rose 的个体存在。断定的内容必须与预设内容相结合，表示 "Mike does not like Rose" 的那些世界。分层话语表现理论的优点是区分不同层面的语料信息，但问题是在什么样的条件下划分某个具体层面不确定，因而可以说它的分层标准不清晰。

格尤茨和梅雅认为，凡是那些具有特定身份的信息都可以被放在某个具体层面中。这导致了极多的层面，这些层面都可以获得特定解释，而忽视了从不同层面进行解释的现象间的相似性。特别地，这种分层处理的方案牺牲了预设与回指间的相似性，也无法刻画断定内容与规约含义间很强的对应关系。

另外，在分析中还发现并非所有内容都可以严格划归到某个特定的层面。比如，分层话语表现理论在解释专名和索引词时，专名和索引词构成了一个特定的层，来确定其所指内容。这样做有一定合理性，但一些表达式如专名和第三人称，不能将其固定到某个特定的层面中，它们需要在不同层面之间"跳跃"来表明它们的不同用途。有学者批评这种分层方法，认为这种方法并未达到理想的目的。基于分层话语表现理论在分层过程中出现的问题，近年来许多逻辑学家尝试对分层话语表现理论进行优化，此部分内容构成了下一章节的主体部分。

第六章　投射话语表现理论的优化方案

　　语言是思想交流的工具。人类研究语言的目的就是要知道如何用语言来交流思想，即要弄清楚讲话者怎样用适当的词语去传达他的思想，而听话者又是怎样从句中的语词那里领会到讲话者所传达的信息。语词和思想的这种关系表现为语言学的形式与其内在意义的联系，语言形式与内在意义的双向联系具有严格的系统性，即从语言形式到内在意义和从内在意义到语言形式的转化都是按照一定的规则来实现的。话语表现理论认为，人类的语言是人类思想的具体表现，语言本质上是一种心理现象，语言使用者如何把握语言形式到内在意义之间的转化是语义学研究的重要任务。基于此，话语表现理论在句法部分与语义解释之间专门设计了话语的语义表现框架图 DRS 这一中间层面，DRS 上承句法部分的语言形式，下接语言内在意义的模型论解释，在整个话语表现理论中起到非常重要的作用。话语表现理论企图以 DRS 的独有方式来展示人们使用语言理解语言的心理过程，这种动态语义学方法也比较符合人们理解语言的认知过程。面对语句系列，人们总是一步一步循序渐进地去理解，后续句子的理解总是依赖对前面句子的理解结果，其中增添的信息内容又成为理解更后续句子的依据。2013 年，逻辑学家奴提雅

（Noortje J. Venhuizen）对标准话语表现理论进行优化①，扩展后的新语义框架被称为投射话语表现理论（Projective Discourse Representation Theory，简称 PDRT）。PDRT 可以翻译为相应的一阶逻辑与标准话语表现理论，并且在 PDRT 中可以区分断定部分、预设部分以及规约含义。在一定程度上，奴提雅的 PDRT 语义框架克服了分层思想的不足，可以用指针思想来处理预设、回指照应、省略等现象。② 下面首先来看投射话语表现理论的句法和语义。

一　投射话语表现理论的句法和语义

在投射话语表现理论中，能够区分事实断定的内容和投射的内容。它的基本思想是在原地表征所有被投射的内容，即在引入投射的地方进行表征，投射用指针表明在何处投射内容得到解释。投射部分和断定部分的差别在于它们指向不同的语境，断定部分在它被引进的投射话语表现结构 PDRS 那里获得相应指针，而投射部分的指针则指向某个可及的 PDRS。③ 用整数表示 PDRS 的标签和约束的指针、用 f 表示自由的指针，以图 6 - 1 的具体实例来阐明上述思想：

图 6 - 1 中，每个投射话语表现结构 PDRS 都引入一个标签，置于方框顶端。所有话语所指和条件通过指针与某个标签关联。如图 6 - 1a

---

① J. Noortje, J. Bos, H. Brouwer, "Parsimonious Semantic Representations with Projection Pointers", in Katrin Erk and Alexande Koller (eds.), *Proceedings of the 10th International Conference on Computational Semantics*, IWCS, University of Potsdam, Potsdam, Germany, 2013, pp. 252 – 263.

② J. Noortje, H. Brouwer, "PDRT-SANDBOX: An Implementation of Projective Discourse Representation Theory", *the 18th Workshop on the Semantic and Pragmatics of Dialogue*, 2014, p. 249.

③ J. Noortje, H. Brouwer, "PDRT-SANDBOX: An Implementation of Projective Discourse Representation Theory", *the 18th Workshop on the Semantic and Pragmatics of Dialogue*, 2014, p. 250.

a. A man smiles.

b. The man smiles.

c. It is not the case
that the man smiles.

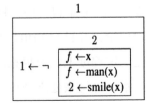

d. Nobody sees a man.

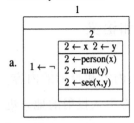

e. Nobody sees a John.

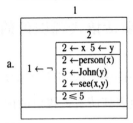

图6-1

中所示，不存在投射内容，则所有话语所指与条件都指向该 PDRS 本身，即 1 所表示的 PDRS。图 6 - 1b 中，由于 the 的出现，"the man" 预设了某个个体的存在。这一点在投射话语表现理论中通过一个自由的变元（这里是 f）作为指针表示预设内容。

定义 1（投射化话语所指）①

如果 p 是一个指针，d 是一个话语所指，则〈p，d〉是一个投射化的话语所指。

定义 2（投射化条件）

1. 如果 p 是指针，P 是一个 n 元谓词，u_1，…，u_n 是话语所指，那

① J. Noortje, J. Bos, H. Brouwer, "Parsimonious Semantic Representations with Projection Pointers", in Katrin Erk and Alexande Koller（eds.），*Proceedings of the 10th International Conference on Computational Semantics*, IWCS, University of Potsdam, Potsdam, Germany, 2013, pp. 252 - 263.

么 $\langle p, P(u_1, \cdots, u_n)\rangle$ 是一个投射化条件。

2. 如果 p 是指针，ϕ 和 ψ 是 PDRSs，则 $\langle p, \neg\phi\rangle$，$\langle p, \phi\vee\psi\rangle$，$\langle p, \phi\rightarrow\psi\rangle$ 是投射化条件。

在投射话语表现理论中，不含投射信息时，即为断定部分。通常来说，一个句子中出现预设触发语时才会存在投射信息。比如，我们说 A 预设 B，则 B 的出现是由于 A 中含有某个特殊的词或者结构触发预设 B。"老张的儿子也参军了"预设"老张有儿子"，这一预设来源于语句中的"老张的儿子"，这句话还预设"除了老张的儿子外还有其他人参军了"，这一预设源于语句中的副词"也"。本书第一章已经对预设触发语进行了详细介绍，第三章也探讨了副词触发的预设类型，这里不再详细讨论。

在投射话语表现理论中，不仅可以区分事实断定的内容和投射的内容；同时还可以改造它的句法，扩充它的语义，以期它能处理预设投射、代词回指和动词省略等更多的语言现象。现在来尝试为投射话语表现理论添加指针、扩充句法，增强处理问题的能力。

定义 3（带指针的投射化条件）

1. 如果 p 是指针，P 是一个 n 元谓词，$u_1, \cdots, u_n$ 是话语所指，那么 $\langle \{p\}, P(u_1, \cdots, u_n)\rangle$ 是一个投射化条件。

2. 如果 p 是指针，ϕ 和 ψ 是 PDRSs，那么 $\langle \{p\}, \overset{k}{\neg}\phi\rangle$，$\langle \{p\}, \phi\overset{l}{\vee}\psi\rangle$，$\langle \{p\}, \phi\overset{m}{\rightarrow}\psi\rangle$ 是投射化条件。

扩充后带指针的投射化条件为每一个条件配上指针（即上标 j，k，l…），一方面是该条件自身受到某个语境的约束；另一方面，它还可能作为某个自然语言短语的"回指前件"。比如，A man walked. Mike did, too. 处理这个句子序列时，要对奴提雅的投射话语表现理论进行扩充。当为条件指派的指针为常项指针时，像"did, too"这样的动词省略表达式就可以处理为像代词那样的回指词，指向前面的"walk"进而准确表达"Mike walked"这层含义。在给定某个词库或者英语片段时，可以使用加标的方法再次扩充奴提雅的投射话语表现理论，使其能够区分断定部分、预设部分和规约含义，并能够处理省略等更多语言现象。再次扩充投射化条件如下：

定义4（加标的投射化条件）

1. 如果 p 是指针，P 是一个 n 元谓词，u_1，…，u_n 是话语所指，那么 $\langle p, p_i, P(u_1, \cdots, u_n)\rangle$ 是一个投射化条件。

2. 如果 p 是指针，ϕ 和 ψ 是 PDRSs，则 $\langle p, p_i, \neg\phi\rangle$，$\langle p, p_i, \phi \vee \psi\rangle$，$\langle p, p_i, \phi\rightarrow\psi\rangle$ 是投射化条件。

定义4中，"p_i"指的是在具体的英语片段中恰好适合作某个省略语的先行语的那个动词，省略语如"did"。此时"p_i"与指针"p"之间的关系为，特定的指针再细化、区分出该 DRS 之中适合作先行词的那个动词，这是一个简单的搜索算法，基于有穷的可供选择的先行词集合。在上述实例中，"A man walked[1]. Mike did[2]，too."在处理这个句子序列的时候，像"did, too"这样的动词省略表达式可以处理为像代词那样的回指词，指向前面的"walk"进而准确表达"Mike walked"这层含义。这种加标方式基于有穷的片段思想，如果处理的范围扩展到无穷情形，则需要待 p 确定之后，为每个动词都指定一个特定的标记 p_k，进而再确定那个适合于形如"did"等省略语的"先行语"，这将是一项异常复杂但能行的工作。

二 投射话语表现理论 PDRT 对复合语句预设投射的处理

多数预设理论认为，预设信息是由词汇驱动的。也就是说，特定的预设触发语会在自然语言交流中触发预设产生。由此，预设的信息将体现在投射触发语的词条语义上。根据逻辑语义学的组合原则，我们可以从作为预设触发语的词条语义触发，进而一步步推演计算出涉及预设的语句的语义。根据这一想法，有学者采用λ—演算对投射话语表现理论进行组合处理。[①] 投射话语表现理论的组合性是通过以类型化的λ—项的形式为每个词条提供语义来实现的。[②] 为了组合这些语义，投射话语表现理论提出 PDRS 的合并操作，以此将两个 PDRS 合并为一个 PDRS。这里要指出，对预设的 DRS 和断言的 DRS 使用不同的合并形式，来显示它们不同的组合特性。

（一）投射话语表现理论对断言内容的形式化分析

为了增强处理能力，投射话语表现理论使用合并算子" + "" * ""·"来合并断定内容、投射内容及规约含义。具体来说，" + "" * ""·"分别用于合并断定部分的 PDRSs（不含投射信息的句子对应的 DRSs），有投射信息的句子对应的 PDRSs，以及含会话含义的句子对应的 PDRSs。就断定内容的 PDRSs，它们的合并情形跟通常情况大致相同，但是要将后续 PDRS 的指针当作合并后的 PDRS 的指针。或者说，两个 PDRSs 进行合并，合并后要将第一个 PDRS 的指针用第二个 PDRS 的指针替换第一个 PDRS 的指针。用后续 PDRS 的指针作为整个合并后的 PDRS 的指针也体现出语义递增与语境更新等性质。[③]

就含投射信息的句子来说，需要考虑到当下语境会不会影响投射信息，故要区分不同 PDRSs 的指针。如果是含有投射信息而指针不指向当下语境，则是自由指针，此时需要向前寻找指针来确定该投射信息的

① R. Muskens, "Combining Montague Semantics and Discourse Representation", *Linguistics and Philosophy*, Vol. 19, No. 2, 1996, pp. 143 – 186.

② 邹崇理、武瑞丰：《人工智能驱动的"PDRT + CCG"视域下的预设研究》，《湖北大学学报》（哲学社会科学版）2020 年第 6 期。

③ J. Noortje, J. Bos, H. Brouwer, "Parsimonious Semantic Representations with Projection Pointers", in Katrin Erk and Alexande Koller (eds.), *Proceedings of the 10th International Conference on Computational Semantics*, IWCS, University of Potsdam, Potsdam, Germany, 2013, pp. 252 – 263.

所指。这一点由定义 5 反映出来：

定义 5 （断定内容的 PDRSs 合并）

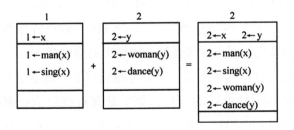

两个 PDRS 之间的断言合并可以通过各自话语所指和 PDRS 条件的并集来定义。合并后的整体 PDRS 的标签必须与合并前第二个 PDRS 的标签一致。如定义 5 所示，这里对合并的结果进行了指针的重命名，把第一个 PDRS 中的话语所指集合 D_i 和 PDRS 条件集合 C_i 中的指针 i 替换成第二个 PDRS 中的话语所指集合和 PDRS 条件集合中的指针 j，分别得到 D_i [j/i] 和 C_i [j/i]，然后再把它们分别同第二个 PDRS 中的 D_j 和 C_j 进行并集运算，最后完成断言合并，获得新的整体 PDRS。①

我们可以以语句系列 "A man sings. A woman dances." 的 PDRS 合并来给出说明。

这里，标签为 1 （也即约束指针为 1）的 PDRS 中，话语所指集合 D_1 = {1←x}，条件集合 C_1 = {1←man（x），1←sing（x）}。对这个 PDRS 进行指针重命名以后，得到标签为 2 的 PDRS：D_2 = {2←x}，C_2 = {2←man（x），2←sing（x）}，再跟原来标签为 2 的 PDRS 的话语

① 邹崇理、武瑞丰：《人工智能驱动的 "PDRT + CCG" 视域下的预设研究》，《湖北大学学报》（哲学社会科学版）2020 年第 6 期。

所指集合分别进行并集运算，就可以得到等号后面的新 PDRS 框架了。

（二）投射话语表现理论对预设投射的形式化分析

由于投射话语表现理论采用指针的形式将所有话语所指和条件与特定标签关联，所以它在对预设进行分析时，这种指针的思想可以发挥良好的作用。预设的信息在进行合并操作时，会保留预设信息的指针，指针指向其纳入 PDRS 语境的标签或是自由变元，因此我们说在投射话语表现理论中，对预设进行合并操作不会受到合并后整体 PDRS 其他信息的影响。涉及预设的合并只需要将预设信息中的话语所指及条件添加到整体 PDRS 中。[①] 由此产生了含预设投射信息的 PDRSs 合并：

定义 6（含预设投射信息的 PDRSs 合并）

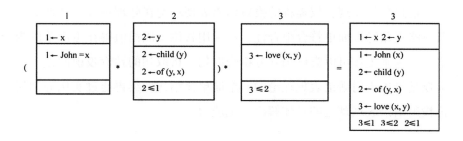

为了便于在 PDRT 框架下理解这一 PDRSs 合并，以 "John loves his child" 为例[②]：

① 邹崇理、武瑞丰：《人工智能驱动的 "PDRT + CCG" 视域下的预设研究》，《湖北大学学报》（哲学社会科学版）2020 年第 6 期。
② 下面的 PDRS 方框中最下层一栏有阿拉伯数字，数字表明了标签所代表的 PDRS 之间的可及关系。比如 "$2 \leqslant 1$" 表明 $PDRS_2$ 中的话语所指被 $PDRS_1$ 所约束。

通过以上的 PDRSs，我们可以看到 John 和 his child 是预设触发语，它们触发的预设是我们通常所说的存在预设，此时它们在 $PDRS_1$ 和 $PDRS_2$ 中预设信息的指针合并后在整体 PDRS 中被保留下来。

（三）投射话语表现理论对规约含义的探讨

规约含义情形的 PDRS，其组合情况跟前两种情形不同。与预设情形类似的是规约含义的指针都与当下语境的指针不同。但规约含义与预设不同的是，规约含义并不像预设那样能约束一个前件，也没法为当下语境贡献新的话语所指，而是将指针指向最外层的语境，即指针与最外层语境的指针保持一致。在下面的定义 7 中，合并后的 PDRS 的最外层指针是 j，含有规约含义的话语所指与条件用常项 "0" 来表示，这个指针指向最外层的 j，则标记常项 0 的话语所指集与条件集都需要参考指针 j 来确定指针。

定义 7（规约含义的 PDRSs 合并）

$$
\begin{array}{c|c} i \\ \hline D_i \\ \hline C_i \end{array} \cdot \begin{array}{c|c} j \\ \hline D_j \\ \hline C_j \end{array} := \begin{array}{c|c} j \\ \hline D_{[0/i]} \cup D_j \\ \hline C_{[0/i]} \cup C_j \end{array}
$$

通过分析发现，奴提雅的投射话语表现理论在处理预设、回指照应及省略现象等方面更符合组合性，不采用移位，因而值得在更广范围内推广。未来工作可以尝试用其分析合取句、析取句的预设投射问题。目前仅是给出投射话语表现理论的一个简单介绍，后续再通过实例详细讨论投射话语表现理论的具体解决问题能力。

三 组合范畴语法 CCG 和投射话语表现
理论 PDRT 的结合

组合范畴语法 CCG 是在人工智能的社会背景下，应用逻辑技术来处理自然语言领域前沿问题的良好技术手段。CCG 把自然语言的句法生成和语义组合看作计算和推演的过程,通过计算和推演的工具来描述语言的句法构造和理解语言的语义组合。① 它可以根据不同的语境,对语言表达式指派不同的逻辑语义表征。

具体来说,CCG 有几个明显的特征:首先,在对自然语言的句法语义进行分析时,CCG 面向的是大规模的真实文本,它处理的是自然语言的具体个案个例。其次,CCG 认为自然语言只有句法层面的表层结构,并且句法表层的每个成分都有各自的语义作用。自始至终,对自然语言进行逻辑语义分析的推演,都只是基于句法表层的构造,而不是假定自然语言拥有便于语迹移动的深层结构,也不是假定自然语言具有用于量化嵌入规则的带逻辑变项的底层结构。② CCG 的这些看法,不同于乔姆斯基的管辖与约束理论(GB 理论)和蒙太格语法。再次,CCG 的词汇主义原则是:"我们假定,所有的结构都是由词汇管辖的,并且词汇中心语具有明显的语义形式。"③ 每一个自然语言表达式都有构成它的词条,表达式的句法结构被词条控制,词条的范畴指派凝聚了句法结构的运算推演过程。在不同的个案个例中同样一个词条可能被指派不同的范畴。最后,CCG 强调句法和语义的对应,认为每个句法范畴对应一个唯一的语义类型,这样使得语句范畴 S 对应逻辑公式的类型 t,确保生成的语句可以翻译成一个逻辑公式。

组合范畴语法是如何处理预设的呢?它借鉴了投射话语表现理论的技术手段。具体来说,组合范畴语法和投射话语表现理论都认为,预设信息是由语句中的词汇驱动的,也即预设触发语会引起预设现象,这一

---

① M. Steedman, *Combinatory Categorial Grammar*, *An introduction*, Edinburgh: The Somesuch Press, 2017.

② 邹崇理、武瑞丰:《人工智能驱动的"PDRT + CCG"视域下的预设研究》,《湖北大学学报》(哲学社会科学版)2020 年第 6 期。

③ M. Steedman, *Combinatory Categorical Grammar*, Philadephia: The Somesuch Press, 2017, pp. 143 – 144.

看法与克里普克的观点相同。既然预设由词汇驱动，那 PDRT + CCG 就可以通过 λ—约束的 PDRS 对每个词汇词条指派语义表征，进而根据组合原则逐步推演出含有预设的语句的语义。[①] 这种结合不仅能够满足计算的需要，还能为机器理解自然语言提供一定的理论支撑。

接下来要考量，PDRT + CCG 如何通过 λ—演算表征自然语言的语义。PDRT 将自然语言中的预设信息纳入被预设的信息中，同时通过指针这一技术手段来区分预设信息与非预设信息；λ—演算是一种侧重计算的高阶逻辑系统。[②] CCG 不仅运用范畴运算的机制描述语言的句法构造，而且把 PDRT 或 λ—演算融入其中，用于自然语言的语义表征。自然语言的一些思维片段可以由 CCG 从语言表述的句法表层到语义深层的解析体现出来。[③]

我们来看 CCG 如何借助 PDRT 实现它对预设的分析，以 CCG 的并列规则为例。CCG 并列规则的一般模式 $\langle \Phi^n \rangle$ 为：

X：f conj：b X：g$\Rightarrow_{\Phi}^n$ X：λ⋯b（f⋯）（g⋯）　　（conj 是范畴（X \ X）／X 的缩写）

具体来说：

当 Φ^0 时，bxy ≡ bxy

当 Φ^1 时，bfg ≡ λx. b（fx）（gx）

当 Φ^2 时，bfg ≡ λx. λy. b（fxy）（gxy）

当 Φ^3 时，bfg ≡ λx. λy. λz. b（fxyz）（gxyz）

当 Φ^4 时，bfg ≡ λx. λy. λz. λw. b（fxyzw）（gxyzw）

对自然语言中包含预设的并列句如 "王阿姨有女儿并且王阿姨的女

---

① 邹崇理、武瑞丰：《人工智能驱动的 "PDRT + CCG" 视域下的预设研究》，《湖北大学学报》（哲学社会科学版）2020 年第 6 期。

② J. Noortje, *Projection in Discourse：A Data-Driven Formal Semantic Analysis*, Groningen：University of Groningen, 2015.

③ 邹崇理、姚从军：《现代逻辑关于辩证思维现象的思考》，《学术研究》2022 年第 5 期。

儿出嫁了""陈叔叔曾经抽烟并且现在戒烟了"进行分析时，基于PDRT 作为语义表征的 CCG 可以把自己的并列规则模式变成涉及 PDRS合并的规则例：

S：PDRS K_1　　conj：*　　S：PDRS $K_2 \Rightarrow$　S：PDRS K_1 * PDRS K_2

而不涉及预设的通常并列句，其并列规则例可以是：

S：PDRS K_1　　conj：+　　S：PDRS $K_2 \Rightarrow$　S：PDRS K_1 + PDRS K_2

格罗宁根意义库 GMB 就是在 CCG 框架内采用 PDRT 技术手段分析自然语言的产物。[①]

在 GMB 语料库中，对含有预设的英语复合语句进行分析时，GMB对预设的语义表征会采用 PDRT 的方式。GMB 的特色是会对语句的推演增加范畴的运算，也即在 CCG 框架内生成语句。这里说的"生成"指的是一种句法和语义的并行推演，它既包含各类表达式句法范畴的运算，又包含与之对应的 PDRS 语义表征的组合。从技术层面上来说，并行推演会把 CCG 原有的作为语义表征的 λ—项换成投射话语表现理论中的 PDRS。[②]

格罗宁根意义库的重要特征是句法和语义接口的透明性，坚持句法和语义的并行推演，是对 CCG 基本特征的传承。CCG 的核心在于"组合"，是基于范畴语法增添函项范畴的组合运算，每个组合规则在分析过程中都有与之对应的语义解读，这样使得句法派生的同时，又能构造谓词论元结构作为语义解读。CCG 坚持句法和语义对应的组合原则，这一逻辑语义学工具的传统被格罗宁根意义库 GMB 很好地继承。下面

[①] 格罗宁根意义库 GMB 以数据驱动语义分析为基础，旨在标注各种各样的语言现象。它不仅结合了各种层次的语言标注，而且提供了一个"深"层的形式意义表征，它把多个层面的标注合成到一个单一的语言形式，而且将这个单一的语言形式整合到一个单一的表征框架中，即 PDRT 所提供的结构。GMB 这样的资源库的构建需要几个阶段，包括为收集语义标注数据，选择和开发用于自动分析数据的 NLP 工具，以及选择正确的方法来存储和评估标注。

[②] 邹崇理、武瑞丰：《人工智能驱动的"PDRT + CCG"视域下的预设研究》，《湖北大学学报》（哲学社会科学版）2020 年第 6 期。

我们来看 GMB 语义库对含有预设语句的分析，以英语句"the cow moos"的 PDRT + CCG 推演图为例①：

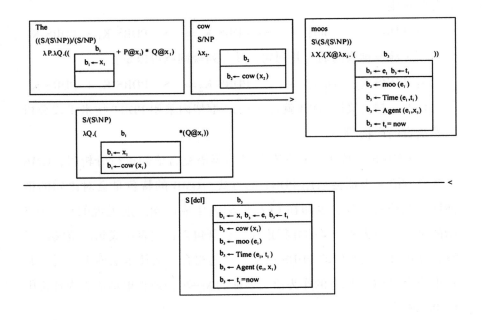

图 6 - 2

从图 6 - 2 可以看到，经过 PDRT + CCG 的推演，这个英语句的预设信息为：存在是 cow 的个体。通过这个实例，不难看出 PDRT + CCG 在分析简单句的预设时，具有技术上绝对的优势。

随着人工智能的飞速发展，AI 在构建知识库时也会遇到很多语义难题。下面尝试用 PDRT + CCG 这一语言逻辑工具对含有预设的复合语句进行深入分析，以期实现机器理解自然语言方面的突破。以日常生活中交通用语"前门快到了，请从后门下车"为例。① 首先，构成这个复

---

① 邹崇理、武瑞丰：《人工智能驱动的"PDRT + CCG"视域下的预设研究》，《湖北大学学报》（哲学社会科学版）2020 年第 6 期。

合语句的词汇的句法范畴和语义范畴如下：

1. 前门（专名） $S/(S \backslash NP)$：$\lambda P. (b_1 \langle \{b_1 \leftarrow x_1\}, \{b_1 \leftarrow x_1 = $ 前门$', b_1 \leftarrow$车站名$'(x_1)\}\rangle) * P@x_1)$

2. 快到了 $(S \backslash NP) \backslash (S/(S \backslash NP))$：$\lambda X. \lambda x_2. (X@\lambda x_3. (b_2 \langle \{b_2 \leftarrow e_1, b_2 \leftarrow t_1\}, \{b_2 \leftarrow$快到了$'(e_1), b_2 \leftarrow Time(e_1, t_1), b_2 \leftarrow t_1 = now, b_2 \leftarrow Agent(e_1, x_2), b_2 \leftarrow Patient(e_1, x_3)\}\rangle)))$

3. ，（逗号）$(((S \backslash NP)/NP) \backslash (S \backslash NP))/(S \backslash NP)$：$\lambda P \lambda Q \lambda x \lambda y. (Q@x + P@y)$

4. 后门（专名） $S/(S \backslash NP)$：$\lambda Q. (b_3 \langle \{b_3 \leftarrow x_4\}, \{b_3 \leftarrow x_4 = $ 后门$'\}\rangle, b_3 \leftarrow$下车通道$'(x_4)\}\rangle) * Q@x_4)$

5. ［请从…下车］ $(S \backslash NP)/(S/(S \backslash NP))$：$\lambda Y. \lambda x_5. (Y@\lambda x_6. (b_4 \langle \{b_4 \leftarrow e_2, b_4 \leftarrow t_1\}, \{b_4 \leftarrow ［$请从…下车$']'(e_2), b_4 \leftarrow Time(e_2, t_1), b_4 \leftarrow t_1 = now, b_4 \leftarrow Agent(e_2, x_5), b_4 \leftarrow Patient(e_2, x_6)\}\rangle)))$

这一复合语句预设投射的推演如下页图示：

从图中我们可以看到，这一复合语句包含了两个预设，分别是：存在是"前门"且作为车站名的个体 x_1，存在是"后门"且作为下车通道的个体 x_4。子句"前门快到了"中"前门"对应的预设信息涉及车站名，子句"请从后门下车"中"后门"对应的预设信息涉及下车通道。对于人民大众来说，这个复合语句是包含生活常识的，基于一定的生活经验和知识背景，人民大众对这句话是能够很好地理解它想表达的内容的。但这句话，对于机器翻译来说，是很难识别的。机器如果没有说话者和听话者的知识背景，可能会得到语义矛盾的理解。

再比如，现实生活中，当一个人说出"你可真好"时，可能会包含两种含义：一是非常真诚地表示感谢，夸赞某人；二是表达对一个人行为的某种讽刺。人们在说这句话时会有一定的语境，因而理解它时要具体情况具体分析。把这句话放到机器翻译系统中，会发现机器是无法

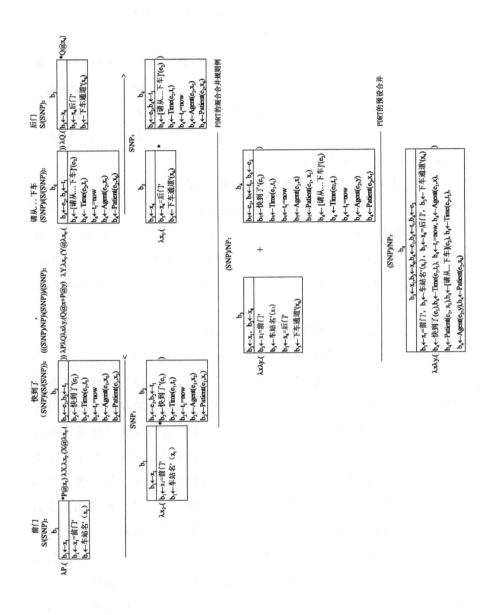

辨别这句话所包含的夸赞或讽刺，它只能机械地将其译成"You are really kind"。基于这些情况，我们能够深切地感受到自然语言的博大精深、丰富多彩以及它的纷繁复杂，机器翻译在面对自然语言的这些特征时有时显得力不从心。这也从侧面表明，目前我们只能用形式化语言刻画自然语言的部分片段，要想实现真正的人机交互，需要逻辑学、语言学、认知科学和计算机科学等领域的通力合作。

结论与探讨

当今人工智能正以势不可挡的趋势渗透到我们生活的方方面面，它也在悄然改变着我们的工作和生活方式。人工智能之所以能在经济、军事、医疗、教育、金融、交通等领域发挥如此重要的作用，得益于大规模数据和超强计算能力的推动。近年来，尤其是在自然语言信息处理方面，人工智能实现了显著的突破，比如语言翻译和虚拟助手的应用。语言是人类交际的工具，从某种程度上说，人类语言交流的过程其实是信息传递的过程，也是意义表达和理解的过程。人工智能如何实现让机器理解我们人类的自然语言，在很大程度上取决于对人类知识的载体——自然语言的语义进行逻辑和数学的分析处理。在我们的自然语言语义中，有一个特殊的部分——预设是自然语言承载知识的重要环节，它在人们交际行为中起着非常重要的作用。自从 1892 年逻辑学家弗雷格将预设思想引入，学者们纷纷就预设问题展开了讨论。值得关注的一个现象是，无论学者从语言学视角还是从逻辑学角度探讨预设，都无法回避一个有趣的问题——即预设的投射问题。这一问题简单来说，即一个简单句成为复合表达式的组成部分时，这个简单句原来的预设能否继续保留，上升成为整个复合表达式的预设的问题。本书重要的论述都是基于这一问题展开的，并且在研究文献基础上得出了以下主要结论：

一　主要结论

第一，语言学和逻辑学中曾对预设投射问题给出诸多解决方案，本书系统地梳理这些方案，并给予一个客观的评价。在肯定这些方案作出贡献的同时，指出它们各自存在的问题；也正是这些遗留问题激发深入思考。投射问题作为预设研究中逻辑味道最浓的一个问题，吸引了众多逻辑学家的关注。本书非常重要的一个工作就是引入国外学者用多值逻辑探讨预设的方法，这一内容是 Gamut 在《逻辑、语言和意义》这本文集的第一卷中谈到的。目前国内只有夏年喜教授在《三值逻辑背景下的预设投射问题研究》这篇文章中谈到三值逻辑对其的解释，本书所做的工作只是进一步推进研究，希望国内更多的学者能够了解到多值逻辑的价值，并运用它分析解决更多的哲学问题和语言问题，这也是本书写作的目的之一。

第二，本书着重探讨了克里普克对预设问题的分析，正是受克里普克思想的启发，才会重新审视投射问题。克里普克从语言学视角出发，将预设体现出的回指照应成分重视起来，这是以往解决投射问题的代表性思想所缺乏的。受克里普克预设回指思想的指引，本书在形式语义学的框架下，先是探讨了两种利用标准话语表现理论解决预设投射问题的方案。范德森特方案指出，预设的投射问题与代词的回指消去问题有类似的机制，都向前搜寻一个"前件"且要通过约束前件来实现投射和回指词消解。同时，预设可以合理地出现在找不到"前件"的语境中，通过"接纳"策略将子句预设上升为复合表达式的预设。克拉默方案在话语表现理论原有的句法和语义基础上增加一个预设信息，将这个预设信息呈现在话语表现结构的条件集中，扩充后的新系统记作预设话语表现理论。在新系统中，以条件句为例，发现在约束操作下子句的预设不能成功投射到整个复合表达式，而在接纳操作成功时，子句的预设能够成功投射，成为整个复合表达式的预设。国内对范德森特和克拉默方案研究较少，本书系统地在话语表现理论下分析这两种方案，丰富了预设的研究，推进了形式语义学刻画自然语言的进程。

第三，本书还引入了国际前沿的分层话语表现理论、投射话语表现理论的最新研究成果，尝试分析合取句、析取句的预设投射情况。由于学界质疑话语表现理论违反组合性，因而在标准话语表现理论框架下的范德森特方案和克拉默方案也面临组合性的问题。具体来说，在范德森特方案中被接纳的预设与语句中原断定部分无法区分。克拉默方案将预设信息在接纳过程中移出该预设的引入点，这种牵涉到移位的操作在回归语言表层结构方面存在问题。为了解决上述问题，格尤茨和梅雅提出分层话语表现理论，在区分不同层面内容道路上迈出了重要的一步。随着研究的深入，学者们又指出分层话语表现理论利用分层的方法牺牲了回指与预设之间的相似性，未能达到期望的目的，因而奴提雅对其进行精练，使用加标方法构建组合的投射话语表现理论，用于处理预设问题。本书尝试在投射话语表现理论 PDRT + 组合范畴语法 CCG 语义框架下分析自然语言中的复合语句，尤其对语句的断定部分、预设部分以及规约含义进行形式化研究，并针对预设的投射问题进行了举例说明。这部分内容属于国际前沿的研究领域，国内少有学者展开研究，因此本书的研究工作有理论价值，希望学界能够关注预设相关问题。

二 后续展望

一直以来，预设问题都是哲学界和语言学界一个有争议的话题，作为预设的焦点问题，投射问题也一直处于不断争论探讨中。本书在话语表现理论及其扩充的框架下分析预设的投射问题，虽得出了一些局部性结论，但仍旧有许多问题有待澄清和进一步研究：

第一，虽然范德森特的"预设作为回指词"的理论能够以局部视角给预设的投射现象一个合理的解释，然而由于自然语言的多变性和复杂性，这一理论仍旧存在一些问题。由于在量词的辖域内处理预设，他的理论遭受了很多批评。比如在语句"Every fat man pushes his bicycle"中，"his bicycle"触发的预设究竟要在量词 every 的辖域内被接纳，还是在主 DRS 中被接纳，学者们对此意见出现分歧。

第二，奴提雅的投射话语表现理论在处理预设、回指、省略等语言现象上比标准话语表现理论更符合组合性，因而它的理论发展潜力大，值得我们深入挖掘。到目前为止，本书只是简要介绍了投射话语表现理论的思路，还未进行深入的探究。如果要用它来分析合取句、析取句的预设投射及回指、省略现象，还需要按照标准话语表现理论的做法，从自然语言句法开始，生成自然语言合乎语法的句子，进而生成一个片段，然后给出投射话语表现理论的句法，再给出模型语义，进而再添加指针，这些都只能留待后续工作补充完善。

第三，在预设探讨过程中，涉及规约含义的讨论。虽然规约含义和预设一样，都指向不同于当下语境的某个语境信息的特征，但规约含义也存在不同于预设的地方。规约含义特殊在于，出现规约含义的成分既不能像预设那样约束一个前件，也无法调整语境信息以使其得到满足。奴提雅投射话语表现理论的提出，可以在加标的基础上尝试处理规约含义、预设等内容，这留作后续工作继续研究。

第四，代词回指、预设、省略等现象，都揭示自然语言内部存在的信息传递、信息关联等内容。从前到后的分析会使得后面的语义表征享有前面的信息，进而呈现出语义递增或语义累积的现象。与预设现象一样，动词省略与回指也存在类似之处。范德森特"预设作为回指词"的方案将预设处理得像代词一样，最终向前为预设寻找先行的信息。省略其实也存在向前寻找完整信息的机制。动词省略与代词回指存在的一个共同之处在于二者都需要向前寻找一个"前件"来确定当下表达式的值。所不同的是，动词省略牵涉到前面的某个句子的动词及其宾语，这就增加了处理的难度，需要为动词或相关谓语加标来方便后面的省略词识别，这部分可放入后续研究中。

一个既可靠又完全的系统是每一个追求逻辑完美的学者都青睐的，我们希望投射话语表现理论具有这些优良的性质。新一代人工智能取得更高突破的目标是让机器更好地理解人类的自然语言，要想突破这一难关，需要对自然语言进行精确的语义分析，需要采用逻辑或数学的方式来表征语义背后的人类知识。本书后续工作将在投射话语表现理论＋组合范畴语法语义框架下展开研究，以期为自然语言形式化研究作出更多的努力，为当今人工智能实现人机交互的发展贡献逻辑学的力量。

参考文献

中文著作

陈波：《逻辑哲学》，北京大学出版社 2005 年版。

陈慕泽：《数理逻辑教程》，上海人民出版社 2001 年版。

方立：《逻辑语义学》，北京语言文化大学出版社 2000 年版。

何自然、冉永平：《语用学概论》，湖南教育出版社 2006 年版。

何兆熊：《新编语用学概要》，上海外语教育出版社 2000 年版。

蒋严、潘海华：《形式语义学引论》，中国社会科学出版社 2005 年版。

王文方：《语言哲学》，台北：三民书局 2011 年版。

王雨田：《现代逻辑科学导引》，中国人民大学出版社 1987 年版。

熊学亮：《英汉前指现象对比》，复旦大学出版社 1999 年版。

徐烈炯：《语义学》，语文出版社 1990 年版。

周北海：《模态逻辑导论》，北京大学出版社 1997 年版。

周礼全：《逻辑——正确思维和有效交际的理论》，人民出版社 1994
　年版。

邹崇理：《逻辑、语言和蒙太格语法》，社会科学文献出版社 1995 年版。

邹崇理：《自然语言逻辑研究》，北京大学出版社 2000 年版。

邹崇理：《逻辑、语言和信息》，人民出版社 2002 年版。

邹崇理：《范畴类型逻辑》，中国社会科学出版社 2008 年版。

朱水林：《逻辑语义学研究》，上海教育出版社 1992 年版。

［德］弗雷格：《弗雷格哲学论著选辑》，王路译，商务印书馆 2006 年版。

［美］马蒂尼奇：《语言哲学》，牟博等译，商务印书馆 1998 年版。

［英］苏姗·哈克：《逻辑哲学》，罗毅译，商务印书馆 2003 年版。

中文论文

陈家旭、魏在江：《从心理空间理论看语用预设的理据性》，《外语学刊》2004 年第 5 期。

胡泽洪：《预设研究二题》，《学术研究》2006 年第 11 期。

洪峥怡、黄华新：《隐喻语句的预设及其动态语义》，《自然辩证法研究》2024 年第 1 期。

贾青：《处理汉语反身代词回指照应问题的范畴类型逻辑（Bi）LLC》，《安徽大学学报》（社会科学版）2014 年第 4 期。

马国玉：《预设投射问题的认知解释》，《天津外国语学院学报》2005 年第 3 期。

刘岚：《预设投射问题解释模式的多维思考》，《重庆科技学院学报》2008 年第 6 期。

刘宇红：《预设投射研究的 Karttunen 模式与 Fauconnier 模式》，《外语学刊》2003 年第 2 期。

刘晓力：《计算主义质疑》，《哲学研究》2003 年第 4 期。

潘海华：《篇章表述理论概说》，《国外语言学》1996 年第 3 期。

石运宝：《从类型逻辑语法角度审视 DRT 的组合性问题》，《中国社会科学院研究生院学报》2017 年第 2 期。

石运宝：《从预设 DRT 到双指针投射 DRT》，《考试周刊》2017 年第 88 期。

石运宝、邹崇理：《组合原则的哲学论争》，《世界哲学》2015 年第 3 期。

石运宝：《从组合原则角度审视 DRT》，《重庆理工大学学报》2014 年第 11 期。

王文博：《预设的认知研究》，《外语教学与研究》2003 年第 1 期。

夏年喜：《从 DRT 与 SDRT 看照应关系的逻辑解释》，《重庆理工大学学报》2010 年第 7 期。

夏年喜：《从 DRT 到 SDRT——动态语义理论的新发展》，《哲学动态》2006 年第 6 期。

夏年喜：《从知识表示的角度看 DRT 与一阶谓词逻辑》，《哲学研究》2006 年第 2 期。

夏年喜：《语义预设的合理性辩护》，《哲学研究》2012 年第 8 期。

夏年喜：《三值逻辑背景下的预设投射问题研究》，《哲学动态》2012 年第 12 期。

许余龙：《语篇回指的认知语言学探索》，《外国语》（上海外国语大学学报）2002 年第 1 期。

杨先顺：《论盖士达的潜预设理论——语用推理系列研究之二》，《苏州大学学报》（社会科学版）1997 年第 4 期。

邹崇理、姚从军：《现代逻辑关于辩证思维现象的思考》，《学术研究》2022 年第 5 期。

邹崇理、武瑞丰：《人工智能驱动的"PDRT + CCG"视域下的预设研究》，《湖北大学学报》（哲学社会科学版）2020 年第 6 期。

邹崇理、陈鹏：《逻辑、语言和计算的交叉创新》，《湖南科技大学学报》（社会科学版）2018 年第 3 期。

邹崇理：《组合原则和自然语言虚化成分》，《四川师范大学学报》（社会科学版）2017 年第 1 期。

邹崇理：《语言构造机制的逻辑语义学研究》，《安徽大学学报》（哲学社会科学版）2016 年第 5 期。

刘新文：《系统 Z 的量化扩张及其对话语表现理论的处理》，博士学位论文，中国社会科学院研究生院，2002 年。

陈晶晶：《预设投射问题研究》，博士学位论文，中国人民大学哲学院，2014 年。

杨翠：《语言学中的预设分析》，博士学位论文，上海师范大学对外汉语学院，2006 年。

外文文献

A. Barbara, "Presuppositions as Nonassertions", *Journal of Pragmatics*, Vol. 32, No. 10, 2000.

A. Klaus, "Factivity in Exclamatives is a Presupposition", *Studia Linguistica*, Vol. 64, No. 1, 2010.

A. Garnham, *Mental Models and the Interpretation of Anaphor*, London: Psychology Press, 2001.

A. Márta, "Predicting the Presupposition of Soft Triggers", *Linguistics and Philosophy*, Vol. 34, No. 6, 2011.

A. Márta, "A Note on Quasi – Presuppositions and Focus", *Journal of Semantics*, Vol. 30, No. 2, 2013.

A. Márta, "Presupposition Cancellation: Explaining the 'soft-hard' Trigger Distinction", *Natural Language Semantics*, Vol. 24, No. 2, 2016.

A. P. Martinich, *The Philosophy of Language*, New York: Oxford University Press, 2000.

B. Geurts, E. Maier, "Layered Discourse Representation Theory", in A. Capone, F. Lo Piparo, M. Carapezza (eds.), *Perspectives on Linguistic Pragmatics*, *Perspectives in Pragmatics*, *Philosophy & Psychology*, Vol 2, Springer, Cham, 2013.

B. Emmon, B. Partee, "Anaphora and Semantic Structure", in K. J. Kreiman and A. E. Ojeda (eds.), *Papers from the Parasession on*

Pronouns and Anaphora, Chicago Linguistic Society, 1980.

B. Johan, "Implementing the Binding and Accommodation Theory for Anaphora Resolution and Presupposition Projection", *Computational Linguistics*, Vol. 29, No. 2, 2003.

B. Roberts, *The Limits to Debate: A Revised Theory of Semantic Presupposition*, Cambridge: Cambridge University Press, 1989.

B. Russell, "On Denoting", *Mind*, Vol. 14, No. 56, 1905.

C. Barker, Chung-chieh Shan, "Donkey Anaphora is in-scope Binding", *Semantics and Pragmatics*, Vol. 1, No. 1, 2008.

D. Abusch, "Presupposition Triggering from Alternatives", *Journal of Semantics*, Vol. 27, No. 1, 2010.

D. Beaver, *Presupposition and Assertion in Dynamic Semantics*, Stanford, CA: CSLI Publications, 2001.

D. Beaver, E. Krahmer, "A Partial Account of Presupposition Projection", *Journal of Logic, Language and Information*, Vol. 10, No. 2, 2001.

D. Beaver, K. Denlinger, "Negation and Presupposition", in V. Deprez and M. T. Espinal (eds.), *The Oxford Handbook of Negation*, 2020.

D. T. Langendoen, H. Savin, "The Projection Problem for Presuppositions", in C. J. Fillmore and D. T. Langendoen (eds.), *Studies in Linguistic Semantics*, New York: Holt, Rinehart and Winston, 1971.

D. Rothschild, "Presupposition Projection and Logical Equivalence", *Philosophical Perspectives*, Vol. 22, No. 1, 2008.

D. Rothschild, "Explaining Presupposition Projection with Dynamic Semantics", *Semantics and Pragmatics*, Vol. 4, No. 3, 2011.

E. Chemla, L. Bott, "Processing Presuppositions: Dynamic Semantics vs. Pragmatic Enrichment", *Language and Cognitive Processes*, Vol. 28, No. 3, 2013.

E. Keenan, "Two Kinds of Presupposition in Natural Language", in C. J. Fillmore and D. T. Langendoen (eds.), *Studies in Linguistic Semantics*, New York: Holt, Rinehart, and Winston, 1971.

E. Krahmer, *Presupposition and Anaphora*, Stanford: CSLI Publications, 1998.

E. Williams, "Blocking and Anaphora", *Linguistic Inquiry*, Vol. 28, No. 4, 1997.

G. Chierchia, *Dynamics of Meaning: Anaphora, Presupposition, and the Theory of Grammar*, Chicago: the University of Chicago Press, 1995.

G. Frege, "On Sense and Reference", in P. T. Geach and M. Black (eds.), *Translations from the Philosophical Writings of Gottlob Frege*, Oxford: Blackwell Publishers, 1952.

G. Gazdar, *Pragmatics: Implicature, Presupposition, and Logical Form*, New York: Academic Press, 1979.

G. Gazdar, "A Solution to the Projection Problem", in C. K. Oh and D. Dinneen (eds.), *Syntax and Semantics 11: Presupposition*, New York: Academic Press, 1979.

G. Fauconnier, *Mental Spaces: Aspects of Meaning Construction in Natural Language*, Cambridge: Cambridge University Press, 1994.

G. Fauconnier, *Mapping in Language and Thought*, New York and Cambridge: Cambridge University Press, 1997.

G. Hirst, *Anaphora in Natural Language Understanding*, Berlin: Springer Verlag, 1981.

G. Nehrlich, "Presupposition and Classical Logical Relations", *Analysis*, Vol. 27, No. 3, 1967.

G. Yule, *Pragmatics*, Oxford: Oxford University Press, 1996.

H. Kamp, U. Reyle, *From Discourse to Logic*, Dordrecht: Kluwer Academic

Publisher, 1993.

H. Kamp, U. Reyle, "A Calculus for First Order Discourse Representation Structures", *Journal of Logic, Language and Information*, Vol. 5, No. 3, 1996.

H. Kamp, "A Theory of Truth and Semantic Representation", in Paul Portner and Barbara H. Partee (eds.), *Formal Methods in the Study of Language*, 2002.

H. Kamp, "Computation and Justification of Presuppositions", in M. Bras and L. Vieu (eds.), *Semantics and Pragmatics of Dialogue: Experimenting with Current Theories*, Amsterdam: Elsevier, 2001.

H. Kamp, A. Rossdeutscher, "DRS Construction and Lexically Driven Inference", *Theoretical Lingustics*, Vol. 20, No. 2 − 3, 1994.

H. Kamp, M. Stokhof, "Information in Natural Language", in Johan van Benthem and Pieter Adriaans (eds.), *Philosophy of Information, volume 8 of Handbook of the Philosophy of Science*, North Holland, 2008.

H. Zeevat, "A Compositional Approach to Discourse Representation Theory", *Linguistics and Philosophy*, Vol. 12, No. 1, 1989.

H. Zeevat, "Presupposition and Accommodation in Update Semantics", *Journal of Semantics*, Vol. 9, No. 4, 1992.

I. Heim, "On the Projection Problem for Presuppositions", in Paul Portner and Barbara H. Partee (eds.), *Formal Semantic: The Essential Readings*, Oxford: Blackwell Publishers, 2002.

I. Heim, "Presupposition Projection and the Semantics of Attitude Verbs", *Journal of Semantics*, Vol. 9, No. 3, 1992.

J. Bos, "Implementing the Binding and Accommodation Theory for Anaphora Resolution and Presupposition Projection", *Computational Linguistics*, Vol. 29, No. 2, 2003.

J. Colomina, "The Case for Presupposition: On Kripke's Anaphoric Account", *Philosophy Study*, Vol. 1, No. 4, 2011.

J. Delin, "Presupposition and Shared Knowledge in it-clefts", *Language and Cognitive Processes*, Vol. 10, No. 2, 1995.

J. Eijck, "Presupposition Failure: A Comedy of Errors", *Formal Aspects of Computing*, 6 (1Suppl), 1994.

J. Eijck, H. Kamp, "Discourse Representation in Context", in Johan van Benthem and Alice ter Meulen (eds.), *Handbook of Logic and Language*, Second Edition, London: Elsevier, 2011.

J. Noortje, J. Bos, H. Brouwer, "Parsimonious Semantic Representations with Projection Pointers", in Katrin Erk and Alexande Koller (eds.), *Proceedings of the 10th International Conference on Computational Semantics*, IWCS, University of Potsdam, Potsdam, Germany, 2013.

J. Noortje, H. Brouwer, "PDRT-SANDBOX: An Implementation of Projective Discourse Representation Theory", *the 18th Workshop on the Semantic and Pragmatics of Dialogue*, 2014.

J. Noortje, Projection in Discourse: A Data-Driven Formal Semantic Analysis, Ph. D. dissertation, Groningen: University of Groningen, 2015.

J. van Benthem, A. ter Meulen, "Compositionality", in *Handbook of Logic and Language*, Amsterdam: Elsevier Science Publishers, 1997.

J. van Benthem, *Logical Dynamics of Information and Interaction*, New York: Cambridge University Press, 2011.

J. Romoli, "The Presuppositions of Soft Triggers are Obligatory Scalar Implicatures", *Journal of Semantics*, Vol. 32, No. 2, 2015.

J. Searle, *Speech Acts: An Essay in the Philosophy of Language*, Cambridge: Cambridge University Press, 1969.

J. Searle, *Intentionality: An Essay in the Philosophy of Mind*, Cambridge:

Cambridge University Press, 1983.

L. Karttunen, "Implicative Verbs", *Language*, Vol. 47, No. 2, 1971.

L. Karttunen, S. Peters, "Conventional Implicature", in C. K. Oh and D. Dinneen (eds.), *Syntax and Semantics 11: Presupposition*, New York: Academic Press, 1979.

L. Karttunen, "Discourse References", in *Syntax and Semantics 7: Notes From the Linguistic Underground*, J. McCawley (ed.), New York: Academic Press, 1976.

L. Karttunen, S. Peters, "Requiem for Presupposition", in *BLS3, Proceedings of the Third Annual Meeting of the Berkeley Linguistic Society*, Berkeley: California, 1977.

L. Karttunen, "Presuppositions of Compound Sentences", *Linguistic Inquiry*, Vol. 4, No. 2, 1973.

L. Karttunen, "Presupposition and Linguistic Context", *Theoretical Linguistics*, Vol. 1, No. 1 – 3, 1974.

L. T. F. Gamut, *Logic, Language and Meaning*, Chicago: The University of Chicago Press, 1991.

M. Abrusán, "Presupposition Cancellation: Explaining the 'soft-hard' Trigger Distinction", *Natural Language Semantics*, Vol. 24, No. 2, 2016.

M. Kempson, *Presupposition and the Delimitation of Semantics*, Cambridge: Cambridge University Press, 1975.

M. Mandelkern, "A Note on the Architecture of Presupposition", *Semantics and Pragmatics*, Vol. 9, No. 13, 2016.

M. Simons, "Foundational Issues in Presupposition", *Philosophy Compass*, Vol. 1, No. 4, 2006.

M. Steedman, *Combinatory Categorical Grammar, An introduction*, Edinburgh: The Somesuch Press, 2017.

M. Werning, W. Hinzen, E. Machery, *The Oxford Handbook of Compositionality*, New York: Oxford University Press, 2012.

N. Chomsky, *Some Concepts and Consequences of the Theory of Government and Binding*, Cambridge, MA: MIT Press, 1982.

N. Kadmon, *Formal Pragmatics: Semantics, Pragmatics, Presupposition, and Focus*, Malden: Blackwell Publishers, 2001.

P. Kiparsky, C. Kiparsky, "Fact", in M. Bierwisch & K. E. Heidolph (eds.), *Progress in Linguistics: A Collection of Papers*, The Hague: Mouton, 1970.

P. Schlenker, "Anti-dynamics: Presupposition Projection without Dynamic Semantics", *Journal of Logic, Language and Information*, Vol. 16, No. 3, 2007.

P. Schlenker, "Be Articulate: A Pragmatic Theory of Presupposition Projection", *Theoretical Linguistics*, Vol. 34, No. 3, 2008.

P. Strawson, "On Referring", *Mind*, Vol. 59, No. 235, 1905.

P. Strawson, *Introduction to Logical Theory*, London: Methuen and Co. Ltd, 1952.

R. Kempson, *Presupposition and the Delimitation of Semantics*, Cambridge: Cambridge University Press, 1975.

R. Mercer, "Default Logic: Towards a Common Logical Semantics for Presupposition and Entailment", *Journal of Semantics*, Vol. 9, No. 3, 1992.

R. Muskens, "Categorial Grammar and Discourse Representation Theory", *Proceedings of COLING 94*, Kyoto, Japan, 1994.

R. Muskens, "Combining Montague Semantics and Discourse Representation", *Linguistics and Philosophy*, Vol. 19, No. 2, 1996.

R. Stalnaker, "Presuppositions", *Journal of Philosophical Logic*, Vol. 2,

No. 4, 1973.

R. Stalnaker, "Pragmatic Presupposition", in M. Munitz and P. Unger (eds.), *Semantics and Philosophy*, New York: New York University Press, 1974.

R. van Der Sandt, "Presupposition Projection as Anaphora Resolution", *Journal of Semantics*, Vol. 9, No. 4, 1992.

R. van Der Sandt, *Context and Presupposition*, New York: Groom Helm press, 1988.

R. van Der Sandt, "Presupposition and Discourse Structure", in R. Bartsch, J. van Benthem and P. van Emde Boas (eds.), *Semantics and Contextual Expression*, Dordrecht: Foris Publications, 1989.

R. van Der Sandt, B. Geurts. "Presupposition, Anaphora, and Lexical Content", in O. Herzog & C. R. Rollinger (eds.), *Text understanding in LILOG*, Berlin: Springer-Verlag, 1991.

S. Kripke, "Presupposition and Anaphora: Remarks on the Formulation of the Projection Problem", in S. Kripke, *Philosophical Troubles: Collected Papers*, Oxford: Oxford University Press, 2011.

S. Levinson, *Pragmatics*, Cambridge: Cambridge University Press, 1983.

S. Levinson, "Pragmatics and the Grammar of Anaphora: A Partial Pragmatic Reduction of Binding and Control Phenomena", *Journal of Linguistics*, Vol. 23, No. 2, 1987.

S. Soames, "A Projection Problem for Speaker Presuppositions", *Linguistic Inquiry*, Vol. 10, No. 4, 1979.

S. Soames, "Presupposition", in *Handbook of Philosophical Logic*, *Vol. 4*, ed. By D. Gabbay and F. Guenthner, Dordrecht: Reidel, 1989.

S. Soames, "How Presuppositions Are Inherited: A Solution to the Projection Problem", *Linguistic Inquiry*, Vol. 13, No. 3, 1982.

W. Sellars，"Presupposing"，*Philosophical Review*，No. 63，1954.

W. Saurer，"A Natural Deduction System for Discourse Representation Theory"，*Journal of Philosophical Logic*，Vol. 22，No. 3，1993.

Y. Huang，"A Neo-Gricean Pragmatic Theory of Anaphora"，*Journal of Linguistics*，Vol. 27，No. 2，1991.

Y. Huang，"Discourse Anaphora：Four Theoretical Models"，*Journal of Pragmatics*，Vol. 32，No. 2，2000.

Y. Huang，*Anaphora：A Cross-Linguistic Study*，Oxford：Oxford University Press，2000.